Heide-Ulrike Wendt

Erfolg ist weiblich

Heide-Ulrike Wendt

Erfolg ist weiblich

*Warum Frauen nicht mehr länger die zweite Geige
spielen*

mvg Verlag

Bibliografische Information der Deutschen Nationalbibliothek

Die Deutsche Nationalbibliothek verzeichnet diese Publikation in der Deutschen Nationalbibliografie.
Detaillierte bibliografische Daten sind im Internet über http://dnb.d-nb.de abrufbar.

© 2008 bei mvgVerlag, FinanzBuch Verlag GmbH, München.
www.mvg-verlag.de

Lektorat: Ulrike Kroneck, Melle-Buer
Umschlaggestaltung: Atelier Seidel – Verlagsgrafik, Teising
Umschlagfotos: siehe Fotonachweis auf S. 159 f.
Satz: Jürgen Echter, Landsberg am Lech
Druck: CPI – Ebner & Spiegel, Ulm
Printed in Germany
ISBN 978-3-636-06360-1

Inhalt

Vorwort

Bei meinen Recherchen für das Buch „Frauen lachen anders", das 2007 im mvgVerlag erschien, antworteten mir die darin versammelten Kabarettistinnen auf meine Frage, warum es denn keine satirische Sendung wie den „Scheibenwischer" für Frauen gäbe, dass sich Frauen für Politik und Wirtschaft nicht wirklich interessieren. Vor allem deshalb, weil Frauen dort nicht vorkommen. Für sie würden diese Themen erst dann spannend, wenn sich Frauen in diesen Bereichen durchsetzen und erfolgreich sind.

Auf die Frage, warum die meisten Männer bei Herausforderungen sagen: „Ich kann das!" Frauen hingegen: „Kann ich das?", antwortet Ursula von der Leyen, Bundesministerin für Familie, Senioren, Frauen und Jugend:

„Blättern Sie in alten Zeitungen und Zeitschriften oder schauen Sie sich Nachrichtensendungen von vor zwanzig oder dreißig Jahren an – da sind sämtliche Führungspositionen ausschließlich von Männern besetzt. Auf einigen sitzen inzwischen auch Frauen, aber es fehlten lange die Vorbilder, dass das überhaupt geht."

Es geht! Die zwölf Frauen und deren Geschichte, die ich Ihnen vorstellen möchte, sind der mitreißende, ermutigende Beweis: die Designerin Sigrid Leffler, die Modemacherin Evelin Brandt, die Fraktionsvorsitzende von Bündnis 90/Die Grünen Renate Künast, die Galeristin Carol Thiele, die Bischöfin Dr. Margot Käßmann, die Unternehmerin Barbara Wiedemann, die Rennfahrerin Jutta Kleinschmidt, die Agenturchefin Beate Scheufele, die Bundesministerin Dr. Ursula von der Leyen, die Corporate Vice President Human Resources Dr. Simone Siebeke, die Spitzenköchin Sarah Wiener und die Bankerin Ira Holl.

Jede dieser Frauen kann Vorbild sein für andere Frauen, die gerade dabei sind, über Erfolg und Karriere mit oder ohne Kind nachzudenken und ihren Weg noch nicht gefunden haben oder aber das eigene Vorgehen mit dem anderer Frauen vergleichen wollen.

Über Hillary und Bill Clinton gibt es einen Witz, in dem es um einen Tankwart, eine Jugendliebe Hillarys, geht. „Hättest du den geheiratet", höhnt Bill, „säßest du irgendwo in der Pampa fest und wärst nicht mit dem Präsidenten der Vereinigten Staaten verheiratet." – „Falsch", entgegnet Hillary, „hätte ich den geheiratet, wäre er jetzt Präsident!"

Kein schlechter Witz, aber er ist von gestern. Heute wollen die Frauen diesen Posten selber. Die Kompetenz und Power haben sie.

Also: Traut Euch! Frauen an die Macht!

Berlin, im Februar 2008   *Heide-Ulrike Wendt*

Frauen an die Macht – Eine Einleitung

Alle zwölf Frauen, die in diesem Buch offen, spannend und klug über ihr Leben erzählen, sind erfolgreich und sehr weiblich. Die 37-jährige Designerin und Buchillustratorin **Silke Leffler** aus Gösslingen nahe Rottweil beispielsweise, deren kategorischer Imperativ „Male und lebe! Aber tu was!" heißt. Wer dazu Fragen an sie hat, darf diese in ihrem Atelier voll zarter Blüten und Blätter, Perlen, Muscheln und Spitze gern stellen. Manchmal allerdings kann es sein, dass man dort auf kleinen Hockern aus giftgrünem oder pinkfarbenem Plüsch in der Warteschleife sitzen muss, weil Silke Leffler gerade einen Blumenkohl aufs Papier tuscht, der einen Bart trägt wie Casanova.

Die Modemacherin **Evelin Brandt**, 54, empfängt ihre Besucher in einem 1891 erbauten, prachtvollen Berliner Backsteinbau. Durch ihr rastloses, kreatives Unternehmertum hat sie das Gebäude in eine geballte Ladung aus Funktionalität und Ästhetik verwandelt. In den Räumen dieses Baus, einer gelungenen Kombination aus Historie und Moderne, entstehen jährlich vier EVELIN BRANDT-Kollektionen. Außerdem kredenzt die Modemacherin ihren Gästen hier einen Latte macchiato, dessen köstlicher Berg aus Milchschaum ins Guinnessbuch der Rekorde gehört.

Ira Holl, Chefin von „Q 110 – Die Deutsche Bank der Zukunft", legt trotz der vielen Jahre, die sie bereits im Bankgeschäft unterwegs ist und in denen es vor allem um knallharte Zahlen ging und geht, weiterhin besonderen Wert darauf, ihre weiblichen Attribute beizubehalten. Sie trägt am liebsten schmale Röcke und hohe Schuhe und bestärkt auch ihre Mitarbeiterinnen, ihre Weiblichkeit und Emotionalität im Gespräch mit den Kundinnen und Kunden selbstbewusst zu nutzen. Die spüren nämlich ganz genau, ob ein Lächeln echt ist oder nicht.

Viele Wege führen an die Spitze

Jede dieser Frauen kann Vorbild sein für andere Frauen, die gerade dabei sind, über ihre Zukunft, ihren Beruf, ihre Berufung, über Erfolg und Karriere mit oder ohne Kind/Kinder nachzudenken, und den Weg, den sie gehen wollen, noch nicht gefunden haben. Aber auch wenn sich der eigene Weg bereits abzeichnet, lohnt es sich, zu vergleichen, um daraus zu lernen und Kraft zu schöpfen für die eigene Lebensplanung – mögen die Wege auch noch so unterschiedlich oder individuell sein und deutlich zeigen, dass es *den* einzig richtigen Weg oder gar ein Erfolgsrezept nicht gibt, um sich in der Welt der Wirtschaft, Politik oder Kunst durchzusetzen.

Unabhängigkeit, Freiheit und Anerkennung

Silke Leffler wusste schon als Kind: „Wenn ich mal groß bin, werde ich Künstlerin." Es war von Anfang an ihr festes Ziel, als Selbstständige zu arbeiten, um so später Kinder, Mann und Beruf unter einen Hut zu bekommen, denn eine eigene Familie gehörte zu ihrem Lebensentwurf auf jeden Fall dazu. Nach dem Abitur absolvierte sie zuerst eine Schneiderlehre, weil sie spüren wollte, wie es ist, von früh bis spät konzentriert und sorgfältig mit den Händen zu arbeiten. Danach beschloss sie, Textildesign zu studieren. Als sie erfuhr, dass es von den Hunderten, die sich bewerben, nur achtzehn schaffen, erschrak sie zunächst. Doch dann stellte sie beherzt ihre Mappe mit Zeichnungen und Collagen zusammen und überzeugte die Aufnahmekommission damit auf Anhieb.

    Renate Künast, die 52-jährige Fraktionsvorsitzende der Bundestagsfraktion von Bündnis 90/Die Grünen, musste keine

Aufnahmekommission, sondern ihren Vater davon überzeugen, dass Mädchen nach dem Schulabschluss nicht nur kurzfristig einen Bürojob übernehmen sollten, bis sie heiraten, Kinder kriegen und der Mann als Alleinverdiener für das Auskommen der Familie sorgt.

Solche Vorstellungen machten sie unruhig, denn sie hatte so viel Potenzial, so viele Interessen, war so neugierig, dass sie einfach weiter zur Schule gehen wollte. Zum Glück fand sie Verbündete: ihre Mutter und ihre Klassenlehrerin, die mit vereinter Kraft durchsetzten, dass Renate Künast an die Realschule durfte. Diesen Sieg hat sie sich regelrecht erkämpft, deshalb ist der Kernpunkt jeden Erfolgs für sie „etwas zu wollen und dafür zu arbeiten".

Trotz dieser wilden Entschlossenheit konnte sie sich als Dreizehnjährige noch nicht vorstellen, einmal Rechtsanwältin zu sein, weil sie sich in einer völlig anderen gesellschaftlichen Schicht bewegte. Dabei ging es aber nicht um den IQ, sondern darum, ob sich Arbeiterkinder, speziell Mädchen, das zutrauen oder ob sie glauben, dass diese Ebene anderen vorbehalten ist. Doch mit jedem Abschluss, jedem Erfolg wurde Renate Künast selbstbewusster.

Sie rät deshalb allen Frauen, Schritt für Schritt ihren Weg zu gehen: „Ich habe mir am Anfang meiner Karriere ja auch nicht vorgenommen, Bundesministerin oder Fraktionsvorsitzende zu werden." Zuerst einmal wollte sie ihr eigenes Geld verdienen, etwas Sinnvolles tun, nach Herausforderungen suchen und sie meistern.

Das war und ist auch der größte und stärkste Antrieb für die 45-jährige Spitzenköchin **Sarah Wiener**: Unabhängigkeit, Freiheit, Anerkennung. Außerdem wollte sie einen Platz in der Gesellschaft finden. Wo, war ihr egal. Auch eine Nische wäre ihr recht gewesen.

Doch dann entschloss sie sich, im „Exil" und im „Axbax", zwei Restaurants ihres Vaters, als Küchenhilfe anzufangen, und die Karriere der Sarah Wiener begann. Es stellte sich nämlich schnell heraus, dass die Schulabbrecherin und Weltenbummlerin eine wirkliche Begabung hat für die Herstellung von Speisen und die raffinierte Zusammensetzung der Zutaten. Wenig später kochte sie bei einer Werbeagentur zur Probe Tafelspitz und Schweinsbraten mit Kümmel und Knoblauch. Danach wollte sie dort niemand mehr gehen lassen.

Doch für Sarah Wiener wurde diese Welt bald wieder zu klein. 1990 kaufte sie sich einen Armeelaster der NVA mit Gulaschkanone, nannte das Ganze „Tracking Catering" und machte daraus die begehrteste deutsche Filmcatering-Company. Heute kocht sie regelmäßig bei Kerner im ZDF, erlebt auf ARTE kulinarische Abenteuer in Frankreich, hat bereits drei Kochbücher geschrieben und besitzt drei Restaurants in Berlin.

Sarah Wiener gehört zu den Querdenkerinnen, Quereinsteigerinnen, die viel Energie besitzen und eine Menge wegstecken können. Für sie scheint es in unserer Gesellschaft überhaupt so zu sein, dass Frauen nur dann eine Chance auf Erfolg haben, wenn sie als Quereinsteigerinnen ihren Weg gehen. Sie jedenfalls kennt keine Drei-Sterne-Köchinnen, die in der Küche den klassischen Weg über eine Kochlehre gegangen sind und in bestehenden Strukturen Karriere machten wie die meisten Männer. Die Frauen, die in dieser Branche wirklich erfolgreich sind, kochen lieber ihr eigenes Süppchen.

Trotzdem würde sie niemandem raten, quer einzusteigen, sondern immer empfehlen, erst einmal eine gute Ausbildung zu machen. Sie selbst bedauert, diese Chance verpasst zu haben, weil sie lange Zeit gar nicht wusste, was sie werden will.

Meisterschülerinnen

So unterschiedlich die Biografien der Frauen, die ich für dieses Buch besucht und befragt habe, auch sind, ein paar Gemeinsamkeiten gibt es schon: Alle Frauen bewiesen Mut, verließen vorgegebene Wege, wagten Neues und gingen dabei Risiken ein.

Wie die Galeristin **Carol Thiele**, 42 Jahre alt. Auch sie ist eine Seiteneinsteigerin wie Sarah Wiener. Sie gab ihren Job als erfolgreiche Marketingfrau auf, um ihre Galerie „meisterschueler" zu eröffnen, weil sie wie Victor Hugo davon überzeugt war, dass es nichts Mächtigeres gibt als eine Idee, deren Zeit gekommen ist. Nachdem sie sich jahrelang in Museen und Galerien herumgetrieben hatte, hielt sie die Zeit für gekommen, keine Werbung mehr für andere zu machen. Sie wollte die Malerei unter genau die Leute bringen, die sich schon immer etwas Echtes ins Wohnzimmer hängen wollten, sich aber nie in Ausstellungen trauten.

In ihrer Galerie stellt sie Bilder von neuen, noch unbekannten Künstlern aus, die dem Berufsverband Bildender Künstler angehören oder aus den Ateliers der Universität der Künste Berlin zu ihr kommen. Ihre Kunden sollen nämlich wissen, dass sie bei ihr etwas Gutes kaufen.

Wäre die Idee der Galerie „meisterschueler" nicht aufgegangen, hätte Carol Thiele die Reißleine gezogen und irgendwo anders wieder von vorne begonnen. Das musste sie aber nicht, denn ihr Konzept ging auf – wie bei allen anderen Frauen, die in diesem Buch zu Wort kommen.

Mit Sondergenehmigung

Die Rallyefahrerin **Jutta Kleinschmidt**, 46, brauchte noch eine Sondergenehmigung, um eine technische Knabenschule besuchen zu dürfen. Als sie nach dem technischen Fachabitur begann Physik zu studieren, wirkten die wenigen Kommilitoninnen an der Uni unter den vielen jungen Männern fast wie Exoten.

Jutta Kleinschmidt störte das nicht, denn sie fand alles Technische interessant. Ihre wirkliche Leidenschaft jedoch gehörte dem Motorsport, besonders der Rallye Dakar – dem berühmtesten Geländerennen der Welt. Bei ihrem ersten Versuch schaffte sie es nicht, die Rallye bis zu Ende zu fahren. Erst 1992, drei Jahre später, erfüllte sich ihr Traum, bei dieser Rallye im Ziel anzukommen, obwohl sie die letzten fünf Tage mit einem gebrochenen Fuß fuhr.

Der Grundstein für ihre sportliche Karriere war damit gelegt, und sie kündigte ihren sicheren und erfolgreichen Job als Ingenieurin in der Fahrzeugentwicklungsabteilung bei BMW in München. Alle waren entsetzt, nur ihre Mutter nahm die Entscheidung ihrer Tochter wie immer gelassen, sogar dass sie ihr festes, gutes Gehalt und ihre sicheren Aufstiegschancen bei BMW gegen eine unsichere Zukunft als Rallyefahrerin eintauschte.

Starke Mütter – starke Töchter

Nicht nur Jutta Kleinschmidt und Renate Künast haben Mütter, die hinter ihnen stehen und ihnen helfen. Auch **Dr. Simone Siebeke**, 45, Corporate Vice President Human Resources bei Henkel, ist stolz auf ihre Mutter, die Anfang der siebziger Jahre in die Politik ging und als eine der ersten Frauen in Westdeutschland Bürgermeisterin wurde. In solch einem Umfeld aufzuwachsen, ist für Simone Siebeke eine entscheidende Voraussetzung für Frauen, erfolgreich zu sein.

Für die Mutter von Bischöfin Dr. **Margot Käßmann**, 49, waren eine umfassende Bildung, Ehrgeiz, Disziplin und der Mut, Herausforderungen anzunehmen, die vier Grundpfeiler des Erfolgs. Die Tochter baute ihren Erfolg auf dieser Erkenntnis auf, die von einer Frau kam, die selbst nie studiert hatte.

Keine einsamen Entscheidungen, arbeiten aus dem Team heraus

Heute geben der Bischöfin vor allem ihre guten Mitarbeiterinnen und Mitarbeiter Kraft, die sie in ihrer Arbeit unterstützen und von denen sie weiß, dass sie zu hundert Prozent hinter ihr stehen. Margot Käßmann ist kein Mensch, der alles einsam entscheidet und durchzieht. Ganz im Gegenteil: Sie braucht emotionale Stabilität, eine konstruktive Atmosphäre, ein positives Umfeld, um etwas leisten zu können. Deshalb legt sie, wie fast alle Frauen, größten Wert auf ein gutes, harmonisches Team. Im Gegensatz zu Männern übrigens, die ihre Prioritäten oft anderswo sehen: beispielsweise im Machterhalt.

Für **Evelin Brandt** ist ihre Firma wie ihre Familie. Sie kennt die Kinder und Enkelkinder ihrer Mitarbeiterinnen und Mitarbeiter und deren Familiengeschichten – und umgekehrt. Die Modemacherin hat gute Laune, wenn sie in die Firma kommt, und freut sich Tag für Tag auf ihre Arbeit.

Silke Leffler findet es geradezu beglückend, dass sie es in den Verlagen und Lektoraten fast nur mit Frauen zu tun hat, die stark sind, absolute Teamfrauen, mit denen man viel bewegen kann.

Und auch für die Agenturchefin **Beate Scheufele**, 58, war immer das Wichtigste, dass in ihrem Team eine herzliche Atmosphäre herrscht und die Leute respektvoll miteinander umgehen. Als Chefin wollte sie ebenfalls respektiert, aber nie gefürchtet werden. Außerdem kann sie auch sehr gut damit leben, wenn ihre Mitarbeiterinnen und Mitarbeiter sie in bestimmten Bereichen überflügeln. Die Aufgaben der Agentur sind mittlerweile so komplex, dass sie keiner mehr allein beherrschen kann.

Und wenn ihre Agentur Preise gewinnt, will Beate Scheufele, dass ihre Leute auf der Bühne stehen und sie entgegennehmen. Alles andere käme ihr schäbig vor.

Karriere mit Kind und Kegel

Schwierig wird es allerdings für Frauen, die eine Karriere mit Kindern wagen, denn im Gegensatz zu Männern können sie nicht wie selbstverständlich auf familiäre Unterstützung hoffen. Anders als Frauen sind Männer oft nicht bereit – auch wenn sie vielleicht nicht ganz so erfolgreich sind wie ihre Frauen –, ihnen den Rücken freizuhalten und sich um Haushalt und Kinder zu kümmern.

Die Unternehmerin **Barbara Wiedemann**, 50, heiratete in der Zeit des großen Aufbruchs ihrer Firma das erste Mal und bekam 1984 ihre Tochter Sophie, 1986 ihren Sohn Adrien. Die meisten Menschen, die sie kannte, wollten erst ein Haus bauen, einen Baum pflanzen und ihren ersten Porsche fahren, ehe sie Kinder in die Welt setzen. Sie hingegen wollte eine junge Mutter für ihre Kinder sein und hat das nie bereut.

Ihr damaliger Mann, ein freier Journalist, kam allerdings überhaupt nicht damit klar, wenn ihn die gemeinsamen Freunde damit aufzogen, dass er als Mann einer erfolgreichen Frau doch nicht mehr zu schreiben brauche, sondern sich völlig entspannt der Erziehung der Kinder widmen könne. Barbara Wiedemann hielt das nur für gerecht. Ihre Mutter hatte dies für den Vater geleistet, aber sie als Frau durfte umgekehrt diesen Anspruch nicht auf ihre Beziehung zu ihrem Mann übertragen. Sie versteht bis heute nicht, warum die allermeisten Männer diese umgekehrte Konstellation nicht verkraften und an diesem Punkt so ganz anders reagieren als Frauen. Diese so „andere" Haltung der Männer schätzt sie nicht und ist auch nicht bereit sie zu verstehen. Zum Glück hatte sie eine Haushälterin, für die es nichts Schöneres gab, als morgens zu ihnen zu kommen, aufzuräumen, Wäsche zu waschen und zu kochen: „Sie hat unseren Haushalt perfekt gemanagt und die Kinder mochten sie sehr."

Der Sohn von **Evelin Brandt** und ihrem Lebens- und Geschäftspartner Peter Strehlau war oft bei seinen Großeltern. Dadurch waren sie ihm ganz nah und vertraut, und er hatte nie das Gefühl, dorthin abgeschoben zu sein, wenn seine Eltern keine Zeit für ihn hatten.

Für die Bankerin **Ira Holl** war es da schon entschieden schwieriger, Kind und Karriere unter einen Hut zu bekommen. Als für die alleinerziehende junge Mutter gleich nach der Wende diverse Weiterbildungen ab 20 Uhr anstanden, hatte sie niemanden, der ihren Sohn Philipp in dieser Zeit betreute. Deshalb kaufte sie sich einen Kombi, richtete im Heck ein kleines Schlafzimmer für ihn ein und stellte den Wagen immer so ab, dass sie ihn von ihrem Seminarraum aus sehen konnte.

Bitte nicht aussteigen!

Auch für **Simone Siebeke** und ihren Mann, die beide sehr eingebunden sind in viele Termine, trifft es sich hervorragend, dass sie eine einsatzbereite und zuverlässige Kinderfrau für ihre beiden Söhne gefunden haben.

Simone Siebeke weiß aus eigener Erfahrung, dass die meisten Frauen mit Mitte zwanzig, einer ausgezeichneten Ausbildung und auf Augenhöhe mit den männlichen Kollegen in ein Unternehmen kommen. Die richtige Karriere beginnt aber meist erst mit Mitte dreißig, wenn man sein Talent bewiesen und sich durchgesetzt hat. In dieser Zeit der Weichenstellung als Frau aus dem Job auszusteigen, wenn auch nur für ein paar Wochen, um sich um den Nachwuchs zu kümmern, ist nicht karriereförderlich. Als Simone Siebeke wusste, dass sie ein Kind erwartete, informierte sie deshalb ihren Vorgesetzten darüber, dass sie nach der Entbindung sofort weiterarbeiten werde und die Kinderbetreuung bereits geregelt sei. Das gibt sie auch als wichtige Erfahrung an karrierewillige Frauen weiter: „Die Planbarkeit von Mitarbeiterinnen ist für ein Unternehmen wichtig."

Die Designerin **Silke Leffler** begann schon zwei Wochen nach der Geburt von beiden Söhnen wieder zu arbeiten. Auch einige Frauen aus ihrem Umfeld gingen nach der Geburt ihres Kindes oder ihrer Kinder wieder zurück in den Beruf, wurden aber von ihren Männern, Eltern, Schwiegereltern oder anderen Müttern unter Druck gesetzt: „Warum gehst du arbeiten, wo doch dein Mann gut verdient?" Silke Leffler: „Und dann kommt meist das Wort Rabenmutter ins Spiel, das es nur im Deutschen gibt. Dahinter steckt der Neid, dass Frauen trotz Mehrfachbelastung erfolgreich sind."

In ihrer Familie gab es solche Vorwürfe oder Diskussionen allerdings nie, denn Silke Leffler will niemals stehen bleiben.

Nerven wie Drahtseile

Was ihr Können und ihre berufliche Kompetenz betrifft, müssen sich Frauen meist noch stärker beweisen als Männer in der gleichen Position. **Evelin Brandt** ist davon überzeugt, dass sie bei den Banken sicher mehr gute Bilanzen und mehr überzeugende Konzepte vorweisen musste als ein Mann, damit man ihr dort vertraute und etwas zutraute. Wenn sie das erste Mal vor den Bankern stand, dachten manche nämlich, sie sei eine von diesen Frauen, denen der Mann eine Boutique eingerichtet hat, damit sie sich gebraucht fühlen. Aber letztendlich konnte die Modemacherin die Geldgeber immer von ihren Ideen überzeugen, denn wenn sie an etwas glaubte, dann war ihr Engagement spürbar und sie fand immer die richtigen Worte.

Zeitjongleurin zwischen Beruf und Familie

Auch **Silke Leffler** war erfreut, als zwei Wochen nach der Geburt ihres Sohnes Ferdinand bereits die Anfrage einer Textilfirma kam, ob sie für die neue Stoffkollektion einige Entwürfe machen könnte. Sie sagte der Dame am Telefon, dass sie diesen Auftrag sehr gern annehme, dafür aber im Moment mit ihrem Neugeborenen etwas mehr Zeit benötige. Ihre Entwürfe machte sie mit der gleichen Kreativität und Sorgfalt wie immer. Doch dann kam der Kommentar der Firma, man habe das Gefühl, die Entwürfe würden darunter leiden, dass sie gerade Mutter geworden sei.

Natürlich war Silke Leffler enttäuscht, konnte diese Auffassung jedoch nicht teilen. Deshalb schlug sie vor, es bei diesen Entwürfen zu belassen und den Auftrag zu stornieren. Ein paar Wochen später wollte der Auftraggeber drei der Entwürfe dann aber doch haben.

Die meisten ihrer Geschäftspartner zeigen sich kooperativ. Trotzdem, so sagt Silke Leffler, erfordert es Mut, so ehrlich zu sein, weil man damit eine gewisse Schwäche zeigt. „Man ist nicht so flexibel wie früher, und jede Frau mit Kind weiß, wie man sich als Zeitjongleurin zwischen Beruf und Familie fühlt."

Margot Käßmann weiß das auf alle Fälle. Denn als sie es zur Pfarrerin geschafft hatte, musste sie überlegen, wie es mit ihr im „Erziehungsurlaub" mit drei Kindern auf dem Dorf weitergehen sollte. Da rieten ihr gute Freunde: „Mach deinen Doktor, damit dir später niemand vorwerfen kann, du seist theologisch nicht gut genug qualifiziert."

Damals wusste sie nicht, ob sie das tatsächlich schafft, traf aber die richtige Entscheidung und bewies damit sich und allen anderen, *dass* sie es konnte.

Die Zukunft gehört den Frauen

Evelin Brandt ist überzeugt, dass die Zukunft den Frauen gehört. Zwar ist noch nicht alles erreicht. Aber gerade bei den jüngeren Frauen, den Praktikantinnen, sieht sie viel weniger Ängste. Diese Frauen fürchten nicht mehr, benachteiligt und diskriminiert zu werden. Im Gegenteil: Dort wächst ein ganz neues Selbstbewusstsein. Die jungen Frauen haben „ein festes Ziel, sie sind sehr gut organisiert und gehen diszipliniert ihren Weg".

Darin liegt Evelin Brandt zufolge der Grund, dass moderne Frauen am Ende nicht nur besser ausgebildet, sondern auch in der Lage sind, ihren Verstand und ihr Gefühl zu verbinden. Die jungen, modernen Frauen sind fähig, rational zu denken und gleichzeitig auf ihr „Bauchgefühl" zu achten. Diese Verbindung erst schafft es, Menschen in einem Unternehmen zu motivieren. In unserer Gesellschaft, in der die Entfremdung weiter und weiter um sich greift, der Familienzusammenhalt und die sozialen Bindungen insgesamt schwächer werden, sieht sie vor allem bei Frauen eine Art Kompensationsaufgabe. Für Evelin Brandt sind es die Frauen, die hervorragende Leistungen erbringen und trotzdem und gleichzeitig Zusammenhalt, Solidarität, Menschlichkeit und Nähe erzeugen können. Nicht zuletzt aus diesem Grund werden – wenn auch noch nicht auf der allerhöchsten Ebene, so doch im mittleren Management vieler Wirtschaftsbereiche – immer mehr Frauen gesucht und eingesetzt.

Für **Renate Künast** ist es ein klarer demokratischer Anspruch, dass Frauen die Hälfte der politischen Ämter bekleiden und die Hälfte der Führungsfunktionen in der Wirtschaft besetzen. Und es gebe auch genug Frauen, die für solche Führungspositionen qualifiziert sind, sie ausfüllen wollen und können.

Die Zukunft gehört den Frauen und auch die Gegenwart, wie die folgenden Porträts beweisen.

Silke Leffler, 37, Designerin und Illustratorin

„Eine gute Künstlerin muss ihre Bilder auch verkaufen können, damit sie was zum Leben hat."

Wenn Silke Leffler in ihrem Atelier in Gösslingen nahe Rottweil einen Blumenkohl aufs Papier tuscht, schmückt den meist ein Bart wie Casanova, Maulwürfe tragen eine Brille und Fische können bei ihr natürlich fliegen. Der erste Preis für das schönste Kinderbuch Österreichs 2004, für ihr „Fabelbuch", ging deshalb an sie. Kurz darauf folgte der Anerkennungspreis der Stadt Wien für das Kinderbuch „Freunde lässt man nicht im Stich" und „Der Blumenball".
Silke Leffler wurde im österreichischen Vorarlberg geboren, erlebte ihre abenteuerliche Kindheit und Jugend aber über den ganzen Erdball verstreut: in den Niederlanden, verschiedenen Ländern Afrikas und in Deutschland.

Nach ihrem Abitur begann sie eine Schneiderlehre, studierte anschließend Textildesign und arbeitete für ein Designstudio in England. Seit 1996 entwirft sie für namhafte Firmen florale, grafische, lustig-kindliche Muster für Bettwäsche, gewebte und gedruckte Dekostoffe, Küchentextilien, Teppiche, Wolldecken und illustriert Kinderbücher, Karten, Kalender und Geschenkpapier für internationale Verlage.

Seit neun Jahren lebe ich mit meinem Mann in Gösslingen, und seither sind unsere Söhne Leonhardt, vier Jahre alt, und Ferdinand, ein Jahr alt, dazugekommen. Wir teilen uns die Ruhe und Geborgenheit dieses Fleckens außerdem mit 214 anderen Dorfbewohnern. Was nicht heißt, dass wir uns hier am Ende der Welt befinden: Von Gösslingen, zwischen Stuttgart und Zürich gelegen, braucht man an den Bodensee eine Dreiviertelstunde, nach Mailand fünf, an den Comer See vier Stunden.

Es war ein Zufall, der uns hierher brachte. 1997 lasen wir eine Anzeige in der Zeitung, die uns ansprach: Altes Bauernhaus, 280 Quadratmeter, in der Nähe von Rottweil zu verkaufen. Damals wohnte ich noch in einer kleinen Wohnung, mein Atelier lag in einem alten Industrieloft in Reutlingen, der Stadt, wo ich von 1991 bis 1996 Textildesign studierte und anschließend als Freelancer Teppiche und Dekostoffe entwarf.

Es war mein festes Ziel, als Selbstständige zu arbeiten, um so später einmal Kinder, Mann und meinen Beruf unter einen Hut zu bekommen, denn eine eigene Familie wollte ich schon haben.

Das Haus gefiel uns auf Anhieb. Es ist eins, in dem ich in Harmonie mit mir selbst und den Menschen, die ich liebe, leben und in dem ich malen, zeichnen, illustrieren kann. Einige meiner Kollegen meinten: „Was willst du denn in Gösslingen? Da kommt doch kein Mensch vorbei!" Doch, es kommen ganz viele vorbei.

Als Erstes richtete ich meine drei Arbeitszimmer in der oberen Etage ein. Im ersten steht der Computer, wo ich meine Mails lese und verschicke, den ganzen Bürokram erledige. Ich nenne ihn den Raum für die sauberen Hände. In meinem Fundus gleich nebenan bewahre ich alles auf, was ich für meine Bilder, Collagen, Zeichnungen brauche und von überall auf der Welt mitbringe: Perlen, Pailletten, Muscheln, getrocknete Blüten und Früchte, Bücher, Papier und anderweitige Fundstücke. Der dritte ist der Malraum, voller Farben und Schubladen für meine Entwürfe und Illustrationen.

Ich habe schon als Kind gern gemalt, saß in einem Zimmer mit lieben Leuten, lauschte ihren Gesprächen und zeichnete oder tuschte dabei Blumen, Vögel, Fabelwesen. Meist dachte ich mir Geschichten dazu aus und sagte meiner Großmutter, wenn sie mir über die Schulter schaute: „Wenn ich mal groß bin, werde ich Künstlerin." Und sie antwortete als pragmatische Frau meist: „Eine gute Künstlerin muss ihre Bilder auch verkaufen können, damit sie was zum Leben hat."

Mitte der siebziger Jahre besuchten wir oft meine Großeltern in Vorarlberg, wo ich auch geboren bin. Mein Vater baute in Tansania gerade einen baumwollverarbeitenden Betrieb auf, weil aber meine Schwester das Tropenklima nicht vertrug, pendelten wir zwischen den Kontinenten.

Die Zeit in Afrika, die Sonne, das Licht, die Farben, die Menschen und die Tiere haben mir viel bedeutet. Giraffen, Zebras, Elefanten sind mir so vertraut wie Reh und Hase. Sie haben meine Fantasie beflügelt, mich und meine Arbeit sehr geprägt. Auch Erlebnisse wie das zu Ostern 1979: Ich war damals neun, wir waren auf dem Weg in die Serengeti, als der Fahrer meines Vaters plötzlich vorschlug, ein Dorf der Massai, ein kenianisches Hirtenvolk in Ostafrika, zu besuchen. Mein Vater unterhielt sich sogleich ganz angeregt in einem Mix aus Englisch und

Suaheli mit einem jungen Krieger, der wie verzaubert über meinen langen geflochtenen Zopf strich. Ich mochte das nicht, erst recht nicht, als ich erfuhr, dass er meinem Vater gerade fünfzig Kühe geboten hatte, wenn er mich bei ihm ließe. Der brach in schallendes Gelächter aus, ich in Tränen. Zum Glück stiegen wir wieder gemeinsam in den Jeep und fuhren weiter.

Bevor mein Sohn Leonhardt 2003 zur Welt kam, flog ich mehrere Male im Jahr nach Afrika. Jetzt spüre ich ganz oft arges Heimweh nach diesem weiten, fernen Land. Trotzdem fühle ich mich mit dem, was ich mache, in Deutschland wohler, denn hier gibt es nicht so viel Not. In Afrika denke ich immer, jeder andere Beruf wäre sinnvoller als meiner, denn ein Stoffentwurf oder Kinderbücher sind Luxus. Es wäre ein eigennütziger Gedanke von mir, dort leben zu wollen.

Nach dem Abitur absolvierte ich zuerst eine Schneiderlehre, weil ich spüren wollte, wie es ist, von früh bis spät konzentriert und sorgfältig mit seinen Händen zu arbeiten. Danach beschloss ich, Textildesign zu studieren. Als ich hörte, dass von den Hunderten, die sich bewarben, nur achtzehn genommen wurden, erschrak ich fürchterlich. Doch dann stellte ich beherzt meine Mappe mit Zeichnungen und Collagen zusammen und wollte alles versuchen, mich vor der Aufnahmekommission überzeugend zu präsentieren. Was mir gelang.

Während des Studiums wurde mir klar, dass ich eines Tages Kinderbücher illustrieren will, denn ich liebe Bücher, ich liebe Kinder. Oft saß ich stundenlang in der Buchhandlung oder auf dem Spielplatz und beobachtete sie beim Lesen. Als Designerin reizten und faszinierten mich allerdings zuerst die großflächigen, ausgewogenen Formen und Muster für Textilien. Menschen kamen in meinen Zeichnungen und Bildern eigentlich nicht vor, hatten keinen Platz darin. Ab 1994 belebten sie dann mehr und mehr meine Zeichnungen und übernahmen 1997 die Hauptrolle.

Im wirklichen Leben sind meine Söhne Leonhardt und Ferdinand für mich der Eintritt in eine andere Welt. Durch sie bekomme ich plötzlich viel mehr Zeit, um eins zu sein mit dem Jetzt. Ich lebe wieder mehr im Augenblick und das Leben ist sehr viel bunter.

Außerdem sind die beiden für mich Inspiration pur. In ihrer kindlichen Unbefangenheit erforschen sie die Dinge auf skurrilste Weise und setzen sie weniger nach deren Funktionalität ein. Es ist also für sie selbstverständlich, in Waschkörben auf Reisen zu gehen, Salatsiebe gehören auf den Kopf, Plüschtiere werden zu Hüten und Kartons sind erstklassige Häuser. Und wenn einer von ihnen nachts nicht schlafen kann, dann denke ich mir neue Geschichten aus. Zum Beispiel die vom „Tagesschlucker", einem freundlichen, gutmütigen Zeitgenossen, der seine Aufgabe Tag für Tag mit der gleichen Gemächlichkeit erledigt, – und trotzdem sind die Menschen nicht zufrieden, denn die Zeit vergeht ihnen viel zu schnell. Doch der Tagesschlucker lässt sich etwas einfallen, damit jeder Tag etwas ganz Besonderes ist und die Menschen wieder lächeln können.

Als ich die Geschichte Leonhardt das erste Mal erzählte, wusste ich noch nicht, dass daraus ein Buch entstehen wird. Es war mein erstes, in dem beides – Text und Illustrationen – von mir stammt.

Ich will noch so viel ausprobieren, würde gern fotografieren, Bühnenbilder entwerfen und bräuchte deshalb sieben Leben, um das alles umzusetzen. Manchmal helfen mir meine Söhne dabei, schnell die richtigen Entscheidungen zu treffen. Einmal hatte ich meine sämtlichen Entwürfe für einen Kinderstoff auf dem Boden ausgebreitet. Danach setzte ich Leonhardt auf den Boden und beobachtete, welcher davon ihn als Erstes anzog. Er krabbelte sofort auf meinen Favoriten zu – einen Zirkus voller skurriler Figuren. Er teilt meine Liebe für afrikanische Tiere. Ich habe mal einen Teppich entworfen, auf dem eine Giraffe an einem Zaun vorbeigeht und oben nur ihr Kopf und unten die Füße zu sehen sind. Der Teppich gefiel den Kindern aus aller Welt so gut, dass ihn viele Eltern für sie kaufen mussten. Deshalb gab es wenig später auch ein Plüschtier namens Gustav. Ohne diesen Gustav geht Leonhardt nirgendwohin.

Obwohl sich das viele Frauen gar nicht vorstellen können, habe ich schon zwei Wochen nach der Geburt von beiden Söhnen wieder gearbeitet, und das klappt sehr gut. Meinem Mann würde ich nie abverlangen, dass er sich die Elternzeit mit mir teilt. Er führt ein mittelständisches Unternehmen und hat dadurch auch eine gewisse Vorbildfunktion gegenüber seinen Mitarbeitern.

Wir empfinden unsere unterschiedlichen Berufe als gegenseitige Bereicherung. Ich lerne durch ihn Menschen aus der ganzen Welt kennen, weil er permanent darin unterwegs ist. Er kommt durch mich mit Künstlern in Kontakt. Wir finden es immer lustig, wenn er bei öffentlichen Auftritten oder Preisverleihungen als „Herr Leffler" angesprochen wird, obwohl er der Herr Kübler ist. Bevor wir losgehen, sagt er deshalb immer: „Heute bin ich wieder der Herr Leffler."

Feminismus ist für mich nie ein Thema gewesen, denn ich neige dazu, Feminismus und Emanze gleichzusetzen. Natürlich verdanke ich unseren Vorreiterinnen, dass ich als Frau studieren und arbeiten kann. Aber wenn die Feministinnen meinen, dass alles, was männlich ist, nichts ist, dann gehe ich auf Abstand.

Einige Frauen aus meinem Umfeld sind nach der Geburt ihres Kindes oder ihrer Kinder auch wieder berufstätig, werden dafür aber von ihren Männern, Eltern, Schwiegereltern oder anderen Müttern unter Druck gesetzt: „Warum gehst du arbeiten, wo doch dein Mann gut verdient?"

Und dann kommt meist das Wort Rabenmutter ins Spiel, das es nur im Deutschen gibt. Dahinter steckt der Neid, dass Frauen trotz Mehrfachbelastung erfolgreich sind. In meiner Familie gab es solche Vorwürfe oder Diskussionen nie, denn ich will niemals stehen bleiben, mich zufriedengeben. Je mehr man tut, desto besser wird man in seiner Profession. Das ist wie bei einem Musikinstrument, das man nur dann perfekt beherrscht, wenn man jeden Tag darauf übt und übt und übt.

Frauen trauen sich noch viel zu wenig. Sie meinen, mit Kindern geht gar nichts, aber ich finde das schon. Das sind doch diese Widerhaken, die man braucht, um zu sagen: Ich zeig euch, wie das geht, ihr werdet schon sehen!

Kaum saß ich zwei Wochen nach Ferdinands Geburt wieder an meinem Zeichentisch, kam schon die Anfrage einer Textilfirma, ob ich für ihre neue Stoffkollektion ein paar Entwürfe machen könnte. Ich sagte der Dame am Telefon, dass ich diesen Auftrag sehr gern annehme, dafür aber im Moment mit meinem Neugeborenen etwas mehr Zeit benötigen würde.

Sie war damit einverstanden und ich machte meine Entwürfe mit der gleichen Kreativität und Sorgfalt wie immer. Doch dann kam der Kommentar der Firma, man habe das Gefühl, die Entwürfe würden darunter leiden, dass ich gerade Mutter geworden sei.

Natürlich war ich enttäuscht, konnte diese Auffassung auch nicht teilen. Deshalb schlug ich vor, es bei diesen Entwürfen zu belassen und den Auftrag zu stornieren. Ein paar Wochen später wollte man drei der Entwürfe dann aber doch haben.

Normalerweise ist es ein Desaster, wenn solch ein Auftrag in die Binsen geht, weil man mit zwei Kindern ja meist jeden Euro nötig hat. Ich weiß total, wie sich das anfühlt, denn in der ersten

Zeit meiner Selbstständigkeit musste ich schon schauen, dass ich am Anfang des Monats meine Miete bezahlen konnte.

Zurzeit bin ich in der komfortablen Situation, für IKEA eine große Kollektion von Stoffen, Accessoires, Lampen, Teppichen, Decken, Kuscheltieren, Schlafsäcken, kurz: alles, was Kinder brauchen, entworfen zu haben. Das war ein riesiger Auftrag.

Die meisten Geschäftspartner, mit denen ich zu tun habe, zeigen sich kooperativ, wenn ich ihnen sage, dass ich gerade mein zweites Kind bekommen habe. Trotzdem erfordert es Mut, so ehrlich zu sein, weil man damit ja Schwäche zeigt. Man ist nicht so flexibel wie früher, und jede Frau mit Kind weiß, wie man sich als Zeitjongleurin zwischen Beruf und Familie fühlt.

Als ich das zweite Mal schwanger war, hatte ich ein richtig schlechtes Gewissen, weil ich meinen Geschäftspartnern sagen musste, dass ich dieses oder jenes nicht mehr schaffe. Aber ich kann ja schlecht mit meiner Mutterschaft warten, bis ich Mitte fünfzig bin, weil die Geschäfte gerade so gut laufen.

Früher wurden die Frauen mit Anfang zwanzig Mütter. Heute sind sie Anfang vierzig, weil sie zuerst ihre Ausbildung machen und studieren und danach nicht gleich heiraten, Kinder kriegen und zu Hause bleiben möchten.

Zum Glück ist meine Berufssparte eher weiblich. In den Verlagen und Lektoraten habe ich es fast nur mit Frauen zu tun, und die sind stark, absolute Teamfrauen, mit denen man viel bewegen kann.

Ich arbeite grundsätzlich lieber mit Frauen als mit Männern zusammen, weil wir ähnlich oder gleich denken. Frauen kommunizieren auf der gleichen Wellenlänge und da braucht man nicht diese Charmeoffensive, um zu überzeugen. Zudem sind sie multitaskingfähig und sehr effizient.

Um neue Aufträge annehmen zu können, habe ich mir eine gute soziale Infrastruktur geschaffen, in der ich die Kinder gut und liebevoll betreut weiß. Den Hausputz überlasse ich inzwischen auch anderen.

Manchmal nützt mir die perfekt organisierte Zeit trotzdem nichts, denn wenn ich keine Idee habe, kann ich mich dreimal an den Schreibtisch setzen, und es passiert trotzdem nichts in meinem Kopf. Das ist in kreativen Berufen halt so. Ich arbeite oft nachts, neben meinem Bett liegt außerdem ein Buch voll weißer Seiten, auf denen ich spontane Ideen festhalten kann.

Ich empfinde meine Arbeit deshalb niemals als mühsam oder erdrückend, sondern liebe sie über alles. Oft gehe ich hinaus in den Wald und kehre mit vielen Anregungen an meinen Schreibtisch zurück. So fügt sich eins zum anderen und ich habe längst gemerkt: Je weniger ich etwas unbedingt will, desto mehr kommt es von selbst.

Diese Erfahrung hat mich gelassener gemacht. Ich illustriere zum Beispiel am liebsten Kinderbücher und entwerfe sehr gern Stoffe für Kinder. Daran vor allem hängt mein Herz, und wenn ich dann Anfragen für Projekte bekomme, die mir nicht so sehr liegen, lehne ich sie ab.

Neulich brachte Leonhardt von einem Ausflug ins Dorf vier seiner Spielkameraden mit. Erst malten wir ein Bild mit fliegenden Fischen und einem sprechenden Himmelschlüsselchen, dann machte sich Marion, ein sechsjähriges Mädchen, auf Entdeckungsreise durchs Haus und fragte mich bei ihrer Rückkehr: „Sind wir hier noch in Gösslingen?" Eigentlich schon.

Evelin Brandt, 54, Modemacherin

„Was mich immer weiter trieb, war mein Anspruch, meine Sache gut zu machen."

Es war die Revolte der Studenten, die Evelin Brandt Anfang der siebziger Jahre aus dem fürstlichen Bückeburg ins renitente, freiheitsliebende Berlin zog. Eines Tages beschloss sie aber doch, ihr Abi zu machen und Medizin zu studieren. 1983 begann sie in einem kleinen Laden selbst gestrickte Kleider zu verkaufen, um ihr Studium zu finanzieren. Hätte ihr damals einer gesagt, dass sie 2008 in der Mitte Berlins ein Modeunternehmen mit 68 Mitarbeitern leiten würde, hätte sie Tränen gelacht.

1989 stellte die einstige Medizinstudentin und Autodidaktin ihre erste eigene Kollektion auf der Modemesse IGEDO in Düsseldorf vor, inzwischen entwirft die Modemacherin jährlich vier Kollektionen. Das Label EVELIN BRANDT BERLIN ist europaweit in vierzehn Ländern zu finden, außerdem in Kanada, USA, Australien, China und Taiwan. In Berlin präsentieren fünf EVELIN BRANDT-Shops die Kollektion, in Köln, Hamburg, Dresden, Potsdam, Belfast und Taipeh jeweils einer.

Berlin ist für Evelin Brandt Inspiration, denn die Stadt ist unglatt, und die Menschen, die hier leben, sind es auch. Trotzdem haben sie Stil, selbst wenn der nicht in den aktuellen Trend passt. Keiner hat Angst, deshalb belächelt zu werden. Anderssein ist erwünscht.

Und genau das fasziniert Evelin Brandt, denn nach „ladylike" war ihr nie. In ihren Kollektionen steht nicht das Mädchen, die Verführerin im Mittelpunkt, sondern die selbstbewusste Frau, die ihr eigenes Geld verdient, unabhängig ist. Was aber längst nicht mehr heißt, dass sie nur die üblichen Businesskostüme trägt, sondern das, was ihre Persönlichkeit unterstreicht. Das hat für Evelin Brandt mit Stärke zu tun: Ich trage, was mir gefällt, ich habe was geschafft, ich bin selbstbewusst. Gerade das findet sie superanziehend und andere ganz offensichtlich auch, denn der Jahresumsatz liegt bei zehn Millionen Euro. Tendenz: steigend.

Ich hatte das Glück, immer das machen zu können, wozu ich Lust hatte. Meine Eltern setzten mich nie unter Druck oder zwangen mich zu irgendetwas. Meine Mutter wollte nur, dass ich einen guten Beruf erlerne, damit ich auf eigenen Beinen stehen kann und nicht auf einen warte, der mich versorgt. Sie selbst wäre beinahe in solch eine Situation geraten, und das war sehr traumatisch für sie. Hier liegen die Wurzeln für alles, was sie mir weitergab.

Es gibt Menschen, die sind wild und wollen ganz viel erfahren, ausprobieren. Die lieben das Abenteuer, das Risiko. Ich bin so. Mit zwölf Jahren wollte ich das erste Mal mit meiner Freundin heimlich nach Paris trampen, aber in Amsterdam griff uns die Polizei auf und brachte uns zurück nach Hause. Beim zweiten Mal stellten wir uns schlauer an, und keiner hat was gemerkt.

Ich habe oft die Schule geschwänzt, blieb mehrmals sitzen, und meine Mutter kommentierte das immer mit den gleichen Worten: „Evi ist eben ein Spätzünder."

Mit siebzehn ging ich nach Berlin, wo das pralle Leben tobte und alles und jedermann so toleriert wurde, wie er ist. Damals galten noch andere Werte: Wer ist am lockersten? Wer hat die meisten Freunde? Wer kann gut kommunizieren? Was man ansonsten vorzuweisen hatte, war – scheinbar – nicht so wichtig. Bis ich eines Tages feststellte, dass viele meiner Freunde bereits mit dem Studium fertig waren, ich aber noch nicht mal mein Abitur hatte.

Da fing ich an, mit einer Freundin bis tief in die Nacht zu pauken. Wir schluckten sogar Aufputschtabletten, um wach zu bleiben. Mir war klar, dass ich das jetzt endlich auf die Reihe kriegen musste, denn etwas anderes hatten meine Eltern nicht verdient. Ich wollte ihr Vertrauen in mich belohnen, ihnen zeigen, dass ihre Tochter nicht blöd ist.

Damals jobbte ich viel in Krankenhäusern, um meine Miete bezahlen zu können, und darüber kam ich zum Medizinstudium. Vor allem die Naturheilkunde und die Homöopathie interessierten mich. Die Frauenbewegung in den siebziger Jahren forderte uns nachdrücklich dazu auf, bewusster zu leben, darauf zu achten, was wir essen, selbstbestimmt mit dem eigenen Körper umzugehen. Die Medizin damals war Frauen gegenüber noch sehr autoritär; schrieb ihnen vor, welche Hormone sie zu nehmen hatten, und anderes mehr. Frauen galten als zickig und gar nicht zu gebrauchen. Es gab sehr viele Vorurteile, mit denen ich nichts zu tun haben wollte.

In diesen Jahren war es total angesagt, durch Indien, Bali, Sri Lanka oder Indonesien zu reisen. An meinen ersten Trip nach Sri Lanka hängte ich deshalb spontan noch ein halbes Jahr Indien dran. Auf diesen Reisen entdeckte ich schöne Spitzen, Stoffe und Accessoires, die ich auf Berlins Flohmärkten schnell wieder verkaufen wollte, denn erstens brauchte ich das Geld zum Leben und zweitens waren meine Schecks, mit denen ich die Sachen eingekauft hatte, manchmal nicht gedeckt. Die meisten Menschen scheuen solch ein Risiko, denn wie steht man da, wenn das auffliegt?

Einmal fand ich auf einem Markt in Indonesien antike Sarongs (gewebte Tücher) und wunderschöne bestickte Blusen und bekam neben der Leidenschaft für die Schönheit der Farben, Muster und Stoffe langsam ein geschäftliches Gespür dafür, dass ich daraus mehr machen könnte, als diese Kostbarkeiten so pur auf Trödelmärkten zu verkaufen.

Peter Strehlau, mein Lebens- und Geschäftspartner, besaß damals ein paar Kneipen in Berlin. Eigentlich war er Bauingenieur und Germanist, aber die Rolle als Quereinsteiger gefiel ihm besser. Als Anfang 1983 neben einer seiner Kneipen ein kleiner Laden frei wurde, mietete ich den sofort und flog anschließend nach Südostasien, um einzukaufen: bunte Sommerkleider und duftige Blusen in frischem Türkis, Gelb, Rosa. Danach bekam ich den ersten richtigen Stress, denn in Berlin war Winter und kein Mensch wollte diese Sachen haben. Alle brauchten was Warmes zum Anziehen.

Also begann ich mit einer kleinen Maschine leicht ausgestellte Kleider und Röcke zu stricken. Die Einzelteile schickte ich zu meiner Mutter, die alles zusammennähte, bügelte und die nötige Sorgfalt hineinbrachte. Die Sachen kamen im neuen Laden so gut an, dass Peter und ich 1984 das erste Mal zur Düsseldorfer Modemesse fuhren – mit einem alten Wohnwagen, weil Henri, unser Sohn, gerade geboren war und ich ihn darin ungestört stillen konnte.

Mit zwanzig wollte ich die Welt kennenlernen, viel erleben, ausprobieren und dachte nie über Kinder nach. Als ich schwanger wurde, war ich inzwischen 32 und sofort entschlossen, dieses Kind zu bekommen. Peter und ich hatten bisher alles erreicht, was wir uns vorgenommen hatten. Wieso sollten wir es da nicht schaffen, dieses Kind großzuziehen? Als ich meine Eltern in Hannover anrief, um es ihnen zu sagen, weinten sie vor Freude und waren stets für uns da, wenn wir ihre Hilfe brauchten.

Henri war oft bei seinen Großeltern. Dadurch waren sie ihm ganz nah und vertraut, und er hatte nie das Gefühl, dorthin abgeschoben zu sein, wenn wir keine Zeit für ihn hatten. Wir wollten nie, dass er darunter leidet.

Henri war eine Liebe mehr in unserer kleinen Familie. Ich hatte nun meine Eltern, meinen Bruder, Peter, meinen Mann, und Henri, unseren Sohn – das war schön.

Nach seiner Geburt hätte ich mein zweites Staatsexamen machen müssen, entschied mich aber gegen eine Karriere als Ärztin, denn das Kind, die langen Dienste im Krankenhaus und nebenher das Geschäft mit der Mode hätte ich nie gepackt. Außerdem lehnte ich die strengen Hierarchien im Krankenhaus ab, ich wollte selbstständig arbeiten.

Peter und ich fuhren weiter zu Modemessen, knüpften Kontakte, importierten aus Südostasien, aber die langen Flüge schlauchten mich mehr und mehr, auch die Unzuverlässigkeit der Lieferanten. Ich hatte Lust auf solch deutsche Tugenden wie Zuverlässigkeit und Pünktlichkeit und – was viel wichtiger und entscheidender war – auf eine eigene Kollektion.

Weil ich nicht wirklich etwas von Schnitttechnik oder vom Nähen verstand, holte ich meine Kleider und Blusen aus dem Schrank und zeigte sie den Schneidern in der kleinen türkischen Änderungsschneiderei bei mir in Charlottenburg. Ich erklärte ihnen, wie ich das Bestehende verändern will: durch einen anderen Stoff, einen längeren Ärmel, einen runden Kragen, einen tieferen Ausschnitt, einen kürzeren Saum oder aufgesetzte Taschen zum Beispiel.

Im balinesischen Kuta gab es außerdem eine nette Schneiderfamilie, die für mich arbeitete. Als wir uns kennenlernten, besaßen sie ein Zimmer, einen kleinen Hühnerstall und eine einzige Nähmaschine, die auf der Straße stand. Fünf Jahre später hatten sie bereits fünfzig Angestellte.

1988 eröffnete ich meinen ersten Laden in der Goethestraße. Er hieß „hott&flott", und ich wusste, dass ich damit ein großes Risiko einging. Ich musste sehen, dass die Stoffe rechtzeitig ankommen, die Produktionsfirmen die Sachen pünktlich vor den Messen liefern und vor allem Henri gut versorgt ist. Dieses Multitasking beherrschte ich ausgezeichnet, wie viele andere Frauen auch.

Das Geschäft lief gut, trotzdem war zwischendurch immer mal wieder das Geld weg, ausgegeben für Stoffe, Schnitte und die Löhne der Leute, die für uns arbeiteten. Ich lief dann von einem Banker zum nächsten, schilderte meine Erfolge in rosigen Farben, schrieb neue Konzepte, um ihnen ein bisschen Geld zu entlocken. Und wenn dann wieder alles ausgegeben war, begann die Tretmühle von vorn.

Bei den Bankern musste ich mich richtig anstrengen, um überzeugend zu wirken. Wenn ich das erste Mal vor ihnen stand, dachten manche nämlich, dass ich eine von diesen Frauen sei, denen der Mann eine Boutique eingerichtet hat, damit sie sich gebraucht fühlen. Aber letztendlich konnte ich sie immer von meinen Ideen überzeugen, denn wenn ich an etwas glaube, bin ich sehr engagiert und finde die richtigen Worte.

Wenn ich zurückschaue, musste ich bei den Banken sicher mehr gute Bilanzen, mehr überzeugende Konzepte vorweisen als ein Mann, damit sie mir vertrauen und etwas zutrauen.

Um die Bankkontakte kümmert sich inzwischen nur noch Peter, er hält überhaupt fast alle Kontakte nach außen. Er ist perfekt im Smalltalk, kann Leute beim Essen stundenlang unterhalten. Mich machen solche Events öfter unruhig, ich liebe die Planung und Organisation im Hintergrund. Ich muss auch nicht immer präsent sein. Da ist Peter obererstklassig.

In solch einer schwierigen Phase eines Unternehmens ist es ganz wichtig, sich nicht von zu vielen unterschiedlichen Meinungen beirren zu lassen, auch wenn der Umsatzdruck noch so groß ist. Sonst verliert man seinen eigenen Weg. Einmal riet mir eine Vertreterin, auf schrille Farben wie Pink, Lila, Quittegelb zu setzen, und da bin ich ziemlich ins Schwimmen gekommen. Es war überhaupt nicht mein Stil.

Es gab Zeiten, da lebten wir von der Hand in den Mund, und aus lauter Angst vor der nächsten Rechnung konnte ich mir morgens nicht die Zähne putzen, ohne zu würgen. Man sagt, Frauen können nicht abschalten, nicht einschlafen, wenn die Geschäfte schlecht laufen. Im Gegensatz zu Männern, die beim Bierchen dann doch entspannen und verdrängen können. Meiner Meinung nach macht das nur krank oder führt zu Bluthochdruck, denn in einer schwierigen wirtschaftlichen Situation kann man einfach nicht abschalten. Im Gegenteil: Man muss gemeinsam mit anderen überlegen, welche konstruktiven Maßnahmen helfen, um aus dieser Misere herauszukommen.

Was mich immer weitertrieb, war mein Anspruch, meine Sache gut zu machen. Wir hatten so viel geschafft, da konnten wir bei ein paar Schwierigkeiten nicht alles hinschmeißen. Außerdem hätten wir den Banken das Geld nie zurückzahlen können. Ich hatte ja mein Medizinstudium nicht zu Ende gebracht. Peter sagt immer, deshalb wäre ich so hartnäckig. Aber das stimmt nicht.

Meine Lust, mir immer wieder etwas Neues auszudenken, kreativ zu sein, lässt mich weiterkämpfen. Man fühlt sich außerdem bestätigt, wenn man wieder mal ein Problem lösen und über sich sagen kann: Mensch, du bist gut! Und dann geht wieder was daneben, und man rappelt sich wieder hoch. Bis sich irgendwann dieser Gedanke zur Gewissheit verfestigt: Mensch, du bist gut!

Es gibt Kinder, die hören von ihren Eltern ständig, dass sie gut sind, obwohl sie es vielleicht gar nicht sind, aber das setzt sich in ihnen fest. Mädchen haben es da schwerer, denn einige Väter und Mütter denken weiterhin, dass ihre Töchter keine gute Ausbildung brauchen, weil sie ja doch irgendwann heiraten und Kinder kriegen. Ich kenne einige Frauen, die das erlebt haben. Das wirkt sich aufs Selbstbewusstsein aus, wenn man als Mädchen diskreditiert wird, dann fühlt man sich später als Frau nicht so stark und zögert viel mehr bei wichtigen Entscheidungen. Oder sie werden extrem ehrgeizig und wollen alles supergut und perfekt machen. Eine meiner sehr erfolgreichen Freundinnen ist über fünfzig und will ihren Eltern immer noch beweisen, wie toll sie ist.

Meine erste eigene Kollektion mit zwölf Teilen stellte ich 1989 auf der Modemesse IGEDO in Düsseldorf vor. Die Kollektion kam richtig gut an, und von da ab ging es nur noch bergauf. Aber der steile Weg nach oben, den sich viele wünschen, ohne Rückschläge, vor laufenden Kameras und mit einer Titelgeschichte in der „Elle" oder „Brigitte" ist die Ausnahme. Viele haben diese Erwartungshaltung, aber so was gibt es nur im Film. Alle Unternehmerinnen müssen für ihren Erfolg ganz schwer arbeiten und kämpfen. Selbst Jil Sander ist ohne einen zweiten Start nicht ausgekommen.

Es ist natürlich etwas anderes, wenn eine große, schon lange existierende Firma einen neuen Laden aufmacht oder eine

Drittmarke herausbringt. Denn da stecken bereits viel Kapital, Know-how und Erfahrung dahinter, und es wird eben einfach alles wieder dichtgemacht, wenn das Konzept nicht aufgeht.

Wer dieses Hinterland nicht hat, braucht viel Mut und einen enormen Willen, um erfolgreich etwas Eigenes zu wagen.

> Wirtschaftlicher Erfolg ist für mich ein Lebenselixier. Ich schöpfe daraus Kreativität, Glück und Zufriedenheit. Wirtschaftlicher Misserfolg hat mich nie lahmgelegt, sondern mich angespornt, unbeirrt weiterzumachen und neue Wege zu suchen.

Ich habe nie Modedesign studiert, aber ich finde, dass man alles lernen kann, wenn man intelligent, kreativ und neugierig ist. Ich liebe schöne Materialien und ich liebe die Hochwertigkeit, die allerdings keinesfalls steril sein oder Distanz schaffen darf. Wenn ich auf die Stoffmesse *Première Vision* nach Paris fahre, sehe und fühle ich die neuen Stoffe und mich erfasst echte Leidenschaft. Mir fällt viel ein beim Schauen, da greife ich auch wieder auf, was für die letzte Kollektion nicht umgesetzt werden konnte. Das ist jedes Mal eine neue Chance, vieles besser zu machen. Dann bestelle ich Stoffe und freue mich darauf, wie daraus in unserem Atelier etwas Neues und Schönes für Frauen entsteht. Eines bleibt allerdings bei all meinen Kollektionen gleich: Die Stoffe sind immer hochwertig, die Farben werden nie billig und schrill, obwohl mir leuchtende und auffallende Farben auch sehr gut gefallen können. In meinen Kollektionen wird also nie ein grelles Rot auftauchen, sondern werden nur feine, edle Farbtöne vorkommen. Edel ist bei mir Pflicht, und die Verarbeitung wird immer aufwendiger und raffinierter. Hier wird eine kleine Tasche versteckt und da ein nettes Band mit dem EVELIN BRANDT-Logo eingearbeitet. Das ist Raffinesse, die ich liebe und verfeinere – sehr aufwendig, aber nicht so demonstrativ, dass man sie sofort erkennt.

Neulich waren wir mit Freunden bei unserem Lieblingsitaliener, da brachte eine Frau ihren Mantel an die Garderobe und das Logo „Evelin Brandt" war zu sehen. Meine Freundin sagte: „Guck mal, da hängt ein Stück aus deiner neuen Kollektion – ist das nicht ein toller Augenblick für dich?"

Für mich ist das etwas völlig Normales. Da hängt Evelin Brandt und Punkt. Der Erfolg hat mich nicht verändert. Ich bin, wie ich immer war, habe mich nie besonders großartig gefühlt, denn wenn es so wäre, ginge mir das Leben verloren, wie es mir wichtig ist.

Ich lebe in meinem alten Freundeskreis und halte nichts von Freundschaften, die geschlossen werden, weil daraus nützliche Kontakte entstehen könnten. Beruflich einiges geschafft zu haben, bedeutet für mich sogar, noch viel aufmerksamer echte Freundschaften zu suchen.

Weder privat noch im Geschäftsbereich setze ich auf Distanz, und jede Eitelkeit ist mir fremd. Natürlich habe ich auf meiner Ebene – wenn man das überhaupt so sagen darf – geguckt, wer sich da alles tummelt und welche wichtigen Kontakte ich dort knüpfen kann. Wenn man auf der Karriereleiter ziemlich weit oben steht, wollen einen plötzlich viele kennenlernen, aber meist sind diese Leute für mich nicht interessant oder liebenswert.

Ich bin auch nicht machtbesessen, sondern sehe mich eher verantwortungsvoll. Peter sagt zwar immer, ich bestimme alles, aber ich habe einfach nur Lust, zu planen, zu organisieren und zu lenken, ohne mich dabei mächtig zu fühlen. Und ich habe einen netten Mann, der mich lässt und trotzdem ganz stark ist und mich unterstützt. Neulich zum Beispiel, als einer unserer Produzenten aus Italien anrief und uns für den nächsten Tag zu einer Yoko-Ono-Ausstellung und einem Dinner mit ihr nach Mailand einlud. Peter und ich kamen gerade aus Wien zurück und waren völlig kaputt, aber Yoko Ono prägt unser Label und wir wollten auf diese Einladung nicht verzichten.

Meine Firma ist meine Familie. Ich kenne die Kinder und Enkelkinder meiner Mitarbeiter, ich kenne ihre Familiengeschichten und sie meine. Ich habe gute Laune, wenn ich in die Firma komme, und wir lachen und reden gern miteinander. Was nicht heißt, dass ich schlechte Leistungen akzeptiere. Ganz im Gegenteil: Ich habe einen hohen Anspruch, und den kann ich nur durchsetzen, wenn ich meine Sache selbst gut mache und durchstehe.

Bei mir arbeiten 65 Frauen und 3 Männer. Viele sagen, dass es schwierig ist, mit Frauen zu arbeiten, aber das finde ich nicht. Da gibt es so einen guten Spruch von Margret Thatcher: „Wenn du jemanden zum Reden suchst, nimm dir einen Mann, wenn du jemanden zum Arbeiten brauchst, nimm dir eine Frau."

Multitasking ist inzwischen eine Frauendomäne, und besonders in meiner Branche laufen viele Dinge parallel. Frauen reagieren häufig pragmatischer als Männer und müssen nicht stundenlang mögliche Lösungen diskutieren. Sie finden sie.

Ich habe neulich gelesen, dass die Zukunft den Frauen gehört, und das glaube ich auch. Das dauert sicher noch eine Weile, aber wenn ich unsere jungen Praktikantinnen beobachte, dann ist ganz deutlich, dass die gar keine Diskriminierungsängste mehr haben. Im Gegenteil: Sie haben ein ganz neues Selbstbewusstsein, ein festes Ziel, sie sind sehr gut organisiert und gehen diszipliniert ihren Weg.

Die Manager vieler Wirtschaftszweige haben das inzwischen erkannt und suchen – vielleicht noch nicht auf der allerhöchsten

Ebene, aber im mittleren Management – nach Frauen, die das können.

Frauen sind am Ende nicht nur besser ausgebildet, sondern besitzen auch die Fähigkeit, rationales Denken mit einem guten Bauchgefühl zu kombinieren, was wichtig ist, um in Unternehmen Menschen zu motivieren. Die Entfremdung schreitet weiter voran, der Familienzusammenhalt lässt nach, und da muss es Menschen geben, die Zusammenhalt, Solidarität, Menschlichkeit und Nähe bei sehr guter Leistung erzeugen können. Das sind für mich vor allem Frauen.

Renate Künast, 52, Politikerin

„Wenn dir was einfällt oder auffällt, sofort die Finger hoch. Zeig Selbstbe-wusstsein!"

Sie selbst nennt sich klein und schüchtern, hat dafür aber eine ziem-lich steile Karriere hingelegt. Um den Besuch der Realschule muss-te sie kämpfen, denn ihr Vater hatte noch ein sehr traditionelles Rollenverständnis, und das Gejammer seiner Tochter „Ich will, ich kann, aber ich darf nicht" nervte ihn. Deshalb suchte sie sich Bünd-nispartnerinnen, um ihre schulische Karriere voranzutreiben: ihre Mutter und die Klassenlehrerin Brunhilde Verstege. Beide setzten schließlich gemeinsam durch, dass Renate Künast an die Realschule durfte.

Später studierte sie Sozialarbeit an der Fachhochschule in Düssel-dorf, kümmerte sich von 1977 bis 1979 als Sozialarbeiterin in der

Justizvollzugsanstalt Berlin-Tegel speziell um Drogenabhängige, begann anschließend ihr Jurastudium und wurde Rechtsanwältin.

1979 trat sie der Alternativen Liste bei und übernahm verschiedene politische Ämter bei den Grünen. Von Juni 2000 bis März 2001 war sie Bundesvorsitzende von Bündnis 90/Die Grünen und von Januar 2001 bis Oktober 2005 Bundesministerin für Verbraucherschutz, Ernährung und Landwirtschaft. Seit dem 18. Oktober 2005 ist sie Fraktionsvorsitzende der Bundestagsfraktion von Bündnis 90/Die Grünen. Renate Künast gilt als eine Grüne der ersten Stunde und ging erfolgreich ihren Weg von der Anti-Atom-Aktivistin bis zur Ministerin. Sie hat es geschafft, sich schnell und pragmatisch unterschiedlichste Themen anzueignen. Von dioxinverseuchten Freilandeiern, über Käfighühner und Gengetreide, Rinderwahnsinn, Überfischung bis zu Deutschlands dicken Kindern hat sie klar und kompetent gehandelt und dabei nie ihren Charme und Humor verloren.

Ihr Vater wäre heute sehr stolz auf sie. Ihre Mutter ist stolz.

Ich komme aus einfachen Verhältnissen. Die Eltern meines Vaters besaßen einen Bauernhof in Thüringen, aber weil traditionell der älteste Bruder den Hof erbt, wurde mein Vater Automechaniker. Meine Mutter zog uns vier Kinder groß und kümmerte sich um den Haushalt. Wir wohnten in der oberen Etage eines Hauses, das dem Chef meines Vaters gehörte. Zu unserer Nachbarschaft gehörten Ärzte und Lehrer, deren Kinder wieder Ärzte und Lehrer werden sollten. Mein Vater war zwar auch dafür, dass Mädchen einen Schulabschluss haben und danach einen Bürojob übernehmen. Aber nur, bis sie heiraten, Kinder kriegen und der Mann als Alleinverdiener für das Auskommen der Familie sorgt.

Das war mir zu wenig, solche Vorstellungen machten mich unruhig, denn ich hatte schon damals ein ganz anderes Tempo. Wenn mir vorgeworfen wird, ich rede zu schnell, dann kann ich nur sagen, dass ich noch viel schneller denke. Deshalb dachte ich: Ich habe so viel Potenzial, so viele Interessen, bin so neugierig, ich will einfach weiter zur Schule gehen.

Meine erste Verbündete war meine Mutter, die zum Beispiel meine Englischvokabeln abhörte. Und meine Klassenlehrerin Brunhilde Verstege, die schließlich gemeinsam mit meiner Mutter durchsetzte, dass ich an die Realschule durfte.

Diesen Sieg habe ich mir regelrecht erkämpft, und das ist der Kernpunkt jeden Erfolgs: etwas zu wollen und dafür zu arbeiten.

Als ich dann später Jura studierte, freute das meinen Vater natürlich, auch weil er spürte, wie sehr das die Leute in Recklinghausen beeindruckte. Für die konnten nur Auserwählte Jura studieren – Paragrafen waren eine Geheimwissenschaft. Er vertrat zwar ein traditionelles Rollenbild von Mann und Frau, aber akzeptierte schließlich, dass es bei mir anders war.

Wie Männer darüber denken, was ich mache, interessierte mich nicht. Ich wusste, dass ich mich von niemandem einmauern oder auf ein bestimmtes Rollenbild reduzieren lasse. Die Haltung, mich aktiv für meine Interessen einzusetzen, habe ich beibehalten. Viele Frauen meiner Generation schienen damals genauso modern, emanzipiert und dafür geeignet zu sein, alte Strukturen zu sprengen. Sie erlernten einen Beruf oder studierten wie ich; einige blieben dann aber doch in traditionellen Mustern, wenn die Kinder kamen. Dazu muss man wissen, dass die Kindergärten im Westen damals, und manchmal heute noch, nur für vier Stunden geöffnet waren. Wie soll eine junge Mutter da einen Job finden? Die Struktur in den alten Bundesländern war und ist vielfach so, dass nicht beide Eltern berufstätig sein können. Und Rollenbilder samt Klischees in der Wirtschaft machen immer noch zu oft die Männer zu Alleinverdienern.

Neulich saß ich bei einem Fahrer im Auto, der mich von seiner Lebensgefährtin grüßte, mit der ich auf der Recklinghausener Realschule in eine Klasse ging. Als ich ihn fragte, was sie jetzt mache, sagte er, dass sie sich um ihre drei Kinder kümmere und den Haushalt versorge. Da war ich eine halbe Minute sprachlos, denn ich hätte gedacht, dass aus ihr eine Biologin oder Physikerin geworden sei. Sie war so exzellent in der Schule.

Ich konnte mir als Dreizehnjährige nie vorstellen, einmal Rechtsanwältin zu sein, weil ich mich in einer völlig anderen gesellschaftlichen Schicht bewegte.

Das Jurastudium hatte das gleiche Image wie das der Medizin: Um das zu schaffen, musst du Grips und Geld haben. Dabei ging es gar nicht um den IQ, sondern darum, ob sich Arbeiterkinder, speziell Mädchen, das zutrauen oder ob sie glauben, dass diese Ebene anderen vorbehalten ist. Aber ich wurde mit jedem Abschluss, jedem Erfolg selbstbewusster.

Ich erinnere mich da an ein Seminar über gewerkschaftliche Jugendarbeit im ersten Sozialarbeitssemester, wo lauter Jungs, unter anderem Bodo Hombach, wild gestikulierend über ein Thema diskutierten und sich dabei spreizten und Fremdwörter wie Perlen auf eine Schnur reihten. Die Debatte lief eindeutig falsch, und ich wollte dazu etwas sagen, aber während ich noch intensiv darüber nachgrübelte, wie ich meinen Gedanken ebenso verquast und mit vielen Fremdwörtern geschmückt ausdrücken könnte, meldete sich ein anderer, um zu sagen, was ich auch dachte – und der Professor gab ihm recht.

Ich schwor mir: Nie wieder lässt du dich von dieser gequirlten Ausdrucksweise beeindrucken.

Wenn dir was einfällt oder auffällt, sofort die Finger hoch. Zeig Selbstbewusstsein!

Es gibt einige solcher Schlüsselerlebnisse, so auch während meines Rechtsreferendariats in der Berliner Senatsverwaltung für Justiz. Dort hatte ich einen Fall zu bearbeiten, bei dem ich herausfand, dass die Verwaltung zu Unrecht Schadensersatz von einem Jugendlichen aus dem Jugendgefängnis forderte. Es gab dafür keine Rechtsgrundlage. Eine Erkenntnis mit Konsequenzen, denn sie bedeutete, dass die Justizverwaltung lange Jahre ohne Rechtsgrundlage gehandelt hatte. Ich wunderte mich, dass niemand vor mir auf diesen Gedanken gekommen war, und konnte nicht schlafen. In der Nacht stand ich auf, las meinen Vermerk noch einmal durch, um herauszufinden, ob ich etwas übersehen hatte. Ich kam jedoch zu keinem anderen Ergebnis und gab meine Unterlagen am nächsten Tag klopfenden Herzens ab. Damals war ich schon bei den Grünen aktiv und stand damit – wie alle Grünen – unter besonderer Beobachtung. Der Druck war enorm. Schließlich rief mich mein Mentor an, um mir zu sagen, dass es eine Referentenbesprechung mit dem Abteilungsleiter gegeben habe: „Diese Praxis wird sofort abgestellt. Punkt."

Das sind Situationen, an denen ich gewachsen bin, die mir deutlich gemacht haben, dass ich etwas verändern kann, und nicht ständig an mir und an dem, was ich denke und tue, zweifeln sollte. Frauen neigen leider dazu.

Frauen müssen Schritt für Schritt ihren Weg gehen. Ich habe mir am Anfang meiner Karriere ja auch nicht vorgenommen, Bundesministerin oder Fraktionsvorsitzende zu werden. Zuerst einmal wollte ich mein eigenes Geld verdienen, etwas Sinnvolles tun, nach Herausforderungen suchen und sie bestehen.

Als Bundesministerin für Landwirtschaft bekam ich in den ersten Tagen den Vorwurf zu hören, dass ich nicht mal eine Kuh melken könne. Ich fand, dass ich das auch gar nicht musste, um meine Arbeit gut zu machen. Einmal nutzte ich nach einer Veranstaltung in Passau die Chance, fünf Bauern aus der Region bei Wurstsalat und Bier zu erklären, warum, und erläuterte ihnen, wie kompliziert die Abläufe in Brüssel sind, wo alle Mitgliedsstaaten ihre inhaltlichen und finanziellen Interessen vertreten. Tatsächlich ist Regieren extrem viel Kleinarbeit: Man muss Netzwerke aufbauen, sich Bündnispartner suchen, eine Mehrheit in der eigenen Koalition schaffen, die öffentliche Meinung hinter sich wissen. Und über allem schwebt immer die Frage, ob schließlich genügend finanzielle Mittel zur Verfügung stehen. Nach dem Gespräch sagten die Bauern lachend, sie verstünden jetzt, dass eine Landwirtschaftsministerin keine Kühe melken können muss. Aber systematische Interessenvertretung und Taktik, das muss sie können.

Nach und nach habe ich mir als Ministerin alle Sachthemen erarbeitet. Wir haben im Team Strategien entwickelt, um unsere Ziele zu erreichen. Meine Ideen von einer nachhaltigen und gerechten Gesellschaft in der Position der Verbraucherschutzministerin anzugehen, war für mich eine große Chance und ein Traumjob: Es macht nämlich Spaß, Träume Realität werden zu lassen.

Das neue Gentechnikgesetz war ein Herzensanliegen von mir. Mit einem öffentlichen Standortregister und einer scharfen Haftungsregelung wollte ich etwas Schutz schaffen. Ebenso das Bio-Siegel und das umfassende Aktionsprogramm für den Ökolandbau. Heute bin ich richtig froh über den Boom bei den Bio-Produkten.

Aber natürlich lassen sich nicht alle Vorhaben durchsetzen, auch wenn sie noch so vernünftig sind. Im Dezember 2001 beispielsweise tagte der Fischereirat in Brüssel, um die Fangquoten speziell für Kabeljau und Dorsch in der Nord- und Ostsee drastisch zu reduzieren und Schutzgebiete für sie einzurichten. Unser Ministerium hatte gemeinsam mit den Umwelt- und Tierschutzverbänden ein Konzept für den Einstieg in die nachhaltige Fischerei erarbeitet. Die Gefahren für die Fischbestände waren wissenschaftlich belegt. Trotz allem dachten die meisten Fischereiminister kurzfristig. Sie wollten weder ein Fangverbot noch eine drastische Einschränkung der Fangtage für die nächste Saison verkünden. Nach tagelangen quälenden Debatten lagen bei allen die Nerven blank. Die Verhandlungen waren gescheitert, an den Einstieg in eine nachhaltige Fischerei nicht zu denken. Bei der Pressekonferenz mitten in der Nacht fiel es mir dann schwer, die Contenance zu wahren. Ich wäre wirklich fast in Tränen ausgebrochen. Manchmal ist es schwer zu ertragen, dass keine sinnvolle Lösung erzielt wird, sondern allerkurzfristigste Lobby-Interessen vorgehen. Aber das gehört zur Politik – nur wer nicht kämpft, kann nicht verlieren.

Ähnlich kompliziert war es im gleichen Jahr beim Thema BSE. Im Februar traf ich mich mit verschiedenen Wissenschaftlern in der Schweiz, weil man dort in der Forschung und in der systematischen Exekutivarbeit am weitesten war. Erst danach wollte ich mich zum Gesamtkonzept im Kampf gegen BSE äußern. Damit stand ich in der Kritik, weil ich mich ins Ausland begeben hatte und dazu noch ein Konzept vorlegte, das jenseits der Vorschläge der alten Lobby war. Als es dann kam, waren doch alle dafür.

Das kann ein erfolgreicher Frauenstil sein – das Für und Wider in einem angemessenen Tempo abzuwägen und dann gut legitimierte Lösungsvorschläge zu machen.

Heute haben Frauen entschieden bessere Voraussetzungen als früher, Karriere zu machen und sich durchzusetzen.

Bei Debatten über die Frauenbewegung höre ich immer wieder, dass der Feminismus im Gewand der siebziger und achtziger Jahre ausgedient hat, dass den keine mehr will und braucht. Einen Aspekt finde ich richtig – wir müssen uns wirklich überlegen, wie wir ihn zeitgemäß verändern. Aber die These, dass wir den Feminismus gar nicht mehr brauchen, ist definitiv falsch.

Inzwischen sind die zwanzig- bis dreißigjährigen Frauen in der Schule und im Studium zwar besser als die Jungs, arbeiten schneller, gezielter und systematischer als sie, das heißt aber nicht automatisch, dass sie später im Beruf genauso aufsteigen wie Männer. Männer nehmen bestimmte Drucksituationen, beispielsweise sich immer wieder zu bewerben, geradezu sportlich. Das ist für sie ganz normaler Lebensalltag. Frauen sind immer noch düpiert, wenn sie eine Ablehnung erfahren, und begeben sich gar nicht erst in eine Wettbewerbssituation. Da brauchen wir zum Beispiel Mentoring-Programme, um Zusammenarbeit zu stärken.

Richtig schwer wird es für Frauen, zu denen natürlich auch Politikerinnen gehören, wenn sie Karriere und Kinder unter einen Hut bekommen wollen. Vor allem wenn ihre Partner nicht gleichermaßen emanzipiert sind und nur widerwillig zur Kenntnis nehmen, dass Frauen auch ein Berufsleben haben und vielleicht sogar Karriere machen, selbst fürs Alter vorsorgen wollen.

In der Debatte um Kinderbetreuung versus Betreuungsgeld drückt sich leider auch die Bundeskanzlerin um eine klare Aussage. Ursula von der Leyen will die Kinderbetreuung ins 21. Jahrhundert holen, aber Frau Merkel positioniert sich nicht, weil die Herren von der CDU und CSU in Bayern und Baden-Württemberg das nicht mittragen wollen. Heraus kommt ein „Sowohl-als-auch": das Recht auf einen Kinderbetreuungsplatz ab 2013, aber auch eine Herdprämie in Gestalt des Betreuungsgeldes.

Für mich ist es ein klarer demokratischer Anspruch, dass Frauen die Hälfte der politischen Ämter bekleiden und die Hälfte der Führungsfunktionen in der Wirtschaft besetzen.

In den vergangenen zehn bis zwanzig Jahren haben die Frauen im Parlament gezeigt, dass sie auch mal auf den Tisch hauen und den Finger unerschrocken in Wunden legen können. Wir sind ja in allen Politikbereichen vertreten. Aber in den Vorständen der 30 größten DAX-Unternehmen ist heute keine einzige Frau. Eine letzte Enklave reiner Männerherrlichkeit. Hier ist der Bundestag entschieden weiter als der Rest der Republik. In unserer Fraktion haben wir sowieso mehr Frauen als Männer.

Da hat die Quote bei der Aufstellung der Wahllisten eindeutig geholfen. Sie ist eine der wenigen Möglichkeiten, die real existierende Männerquote abzuschaffen. Nach der Politik muss nun die Wirtschaft dem wirklichen Leben angepasst werden. Am besten fangen wir mit einer gesetzlichen Quote für die Aufsichtsräte großer Wirtschaftsunternehmen an. Es gibt genug Frauen, die für solche Führungspositionen qualifiziert sind, sie ausfüllen wollen und können.

Carol Thiele, 42, Galeristin

„Mein Frausein hilft mir sehr dabei, mit der ganz großen Charmeoffensive die Herzen meiner Kundschaft zu erobern."

Als am 2. August 2006 eine junge Familie aus Schweden in die Galerie „meisterschueler" in die Berliner Friedrichstraße kam und von den farbenprächtigen Bildern einer spanischen Malerin sieben auf einen Streich kaufte, da wusste die Galeristin Carol Thiele: Ich habe es geschafft. Fast auf den Tag genau ein Jahr zuvor hatte sie ihre Galerie „meisterschueler" eröffnet, um dort Bilder von neuen, noch unbekannten Künstlern auszustellen, die dem Berufsverband Bildender Künstler angehören oder aus den Ateliers der Universität der Künste Berlin zu ihr kommen. Der Name „meisterschueler" ist also bewusst gewählt, denn die Voraussetzung, um hier ausstellen zu dürfen, ist ein abgeschlossenes Studium. Carol Thieles Kunden sollen wissen, dass sie bei ihr etwas Gutes kaufen.

Bevor Carol Thiele, die in Berlin Kreuzberg aufwuchs, die Galerie eröffnete, hatte sie zwar schon eine Karriere als Marketingfrau hingelegt, war aber wie Victor Hugo überzeugt, dass es nichts Mächtigeres gibt als eine Idee, deren Zeit gekommen ist.

So eine Idee beherrschte sie, denn nachdem sie sich jahrelang mit Malerei beschäftigt und in Museen und Galerien herumgetrieben hatte, hielt sie die Zeit für gekommen, keine Werbung mehr für andere zu machen, sondern Malerei unter die Leute zu bringen, die sich schon immer etwas Echtes ins Wohnzimmer hängen wollten, sich aber nie in Ausstellungen trauten, um zu gucken und zu kaufen. Wäre die Idee der Galerie „meisterschueler" nicht aufgegangen, hätte Carol Thiele die Reißleine gezogen und irgendwo anders wieder von vorn begonnen. Muss sie aber nicht, wie sich nach zweieinhalb Jahren „meisterschueler" und deren Umzug in größere Räume zeigt. Also betreibt sie ihre Galerie noch zehn Jahre weiter und beginnt dann vielleicht, Malerei zu studieren.

Eine gute Galeristin hat sie ja schon.

Meinen ersten Tag in der Galerie vergesse ich nie. Alles war fertig: Die Bilder hingen an den Wänden, die Espressomaschine funktionierte tadellos, der Kuchen war lecker, der Wein und das Wasser gekühlt, mein Kleid trendy.

Und dann kam keiner. Ein Fehler war sicher, dass ich kein Geld in Werbung investiert hatte, sondern erst mal schauen wollte, ob die Laufkundschaft nicht ausreicht, um die Kasse zu füllen.

Den ersten Tag passierte also nichts, den zweiten nichts, den dritten Tag auch nichts, und ich dachte mir: Heidewitzka, da warst du so getrieben von der Idee, eine Galerie zu eröffnen, und jetzt ist nicht raus, ob deine Intuition richtig war. Aber ich hatte den ersten Schritt getan und wollte eisern durchhalten. Blieben die Kunden weiter aus, müsste ich allerdings überlegen, ob an dem Konzept etwas nicht stimmt.

Wer in meine Galerie kommt, kann Originale von zehn bis fünfzehn verschiedenen Künstlern gleichzeitig betrachten. Alle drei Monate wird umgehängt, um vielen Malern die Chance zu geben, ihr Talent zu zeigen.

Bei der Auswahl der Künstler und ihrer Bilder verlasse ich mich vor allem auf mein Bauchgefühl. Auf bestimmte Stile bin ich nicht festgelegt, will auch nicht den Strömungen des gängigen Kunstmarkts folgen, weil mir der viel zu abgehoben, zu dünkelhaft und zu teuer erscheint. Meine Galerie ist ein Ladengeschäft für bezahlbare Kunst, die ich einem breiten Publikum zugänglich machen will, vor allem denen, die zwar ein Gespür für Kunst haben, sich aber noch nie trauten, eine Galerie zu betreten.

Die Bilder kosten zwischen 30 und 5000 Euro, mancher Preis ist sogar verhandelbar. Zum Beispiel bei dem jungen Maler Francisco Vallejo aus Madrid, der wunderschöne Porträts malt – und das nicht nur von Menschen, die er kennt und liebt, sondern auch von Kunden, die ihm Modell stehen.

Wer keine Zeit hat, drei bis vier Stunden still zu halten, kann sein Foto dalassen und später wiederkommen, um das fertige Stück abzuholen. Viele suchen jedoch den Kontakt zu den Künstlern und der Szene, weil sie den anderswo nicht so hautnah erleben können.

Von Montag bis Samstag kommen ein, zwei oder drei Künstler in die Galerie, um Bilder zu malen und sich dabei über die Schulter schauen zu lassen. Maler gelten ja meist als unnahbar oder scheu, aber in meiner Galerie genießen sie das Feedback, die Begegnung mit dem Publikum – die fleischgewordene Zielgruppe.

Die Leute, die in meine Galerie kamen, waren durchweg begeistert von meiner neuen Geschäftsidee, aber das erste Bild verkaufte ich erst nach einer Woche. Danach kam bei mir die Phase, in der ich dachte, dass ich leider nicht die Miete davon bezahlen kann, dass meine Laufkundschaft alles so toll findet, was ich in der Galerie mache. Doch mit der Zeit konnte ich dann schon ein paar Bilder verkaufen. Für den Kredit bei der Bank hatte ich mir außerdem einen Puffer eingebaut, um drei Monate ohne Einnahmen überleben zu können.

Den wirklichen Durchbruch gab es, als am 2. August 2006, fast auf den Tag genau ein Jahr nach Galerieeröffnung, eine junge Familie aus Schweden von den farbenprächtigen Bildern der spanischen Malerin Irene Pascual Molinas gleich sieben auf einen Streich kaufte. Da war mir klar: Ich habe es geschafft.

Heute weiß ich, dass es in meiner Galerie immer Zeiten geben wird, in denen anderthalb Wochen gar nichts passiert, und dann verkaufe ich an einem Tag gleich mehrere Bilder.

Sicher waren die beiden ersten Jahre stressig, aber ich finde, dass sich die Anstrengung und das Risiko gelohnt haben. Wenn du irgendwo angestellt bist, stehst du genauso unter Erfolgszwang und spürst permanent den Druck der Chefs. Ich kann zumindest sagen, dass ich jetzt mein eigenes Ding mache und selbst entscheide, ob ich unter Druck stehen will oder nicht. Und wenn mir mal alles über den Kopf wächst, schließe ich den Laden ab und gehe rudern, um den Kopf wieder frei zu bekommen.

Ich denke, es gibt Menschen, die Verantwortung tragen könnten und sehr pfiffig sind, aber lieber in der zweiten Reihe sitzen. Und es gibt solche, die wie ich die erste Reihe bevorzugen und mit Power und Spaß dabei sind – ohne durchzudrehen.

Die Existenzgründung war für mich ein harter Brocken, denn ich wusste ja nicht, ob mein Konzept aufgeht, ob ich damit so viel Geld verdiene, dass ich mein täglich Brot und meine Steuern bezahlen kann. Und wenn du das dann geschafft hast und die Klaviatur des Unternehmens beherrschst, musst du aufpassen, dass du die Bodenhaftung nicht verlierst. Du brauchst gute Freunde und eine Familie, die dir bei allem Erfolg als Unternehmerin oder Schauspielerin oder Sportlerin zwischendurch auch mal sagen, dass du gerade dabei bist, abzuheben. Für die Familie und die Freunde bleibst du immer der Mensch, der du vorher warst. Wenn du dieses Regulativ nicht hast, kann es sein, dass du nur noch zu Partys, Events, Vernissagen, Finissagen und anderem Schickimicki gehst und die echten Werte aus den Augen verlierst.

Erfolg ist für mich, wenn ich von dem, was ich mache, gut leben kann und innerlich zufrieden bin. Ich habe die Galerie nicht eröffnet, um berühmt zu werden oder Hochglanzmagazine zu bevölkern, weil ich so toll bin, sondern weil ich selbstständig, unabhängig, frei sein wollte.

Ich habe vor meiner Zeit als Galeristin zwanzig Jahre in der Werbung und im Marketing gearbeitet, und ich weiß sehr gut, wie schwer es ist, sich mit einer neuen Idee durchzusetzen. Dazu braucht man allen Mut, den man hat, und dann noch mal hundert Prozent obendrauf. Und Selbstbewusstsein. Man muss wissen, dass man das, was man sich vorgenommen hat, wirklich leisten und es auch dann weiterbetreiben kann, wenn es hart auf hart kommt. Wenn man zum Beispiel bei anderen Leuten putzen und mit wenig Geld auskommen muss, darf man nicht die gute Laune verlieren. Daraus schöpft man übrigens auch Selbstbewusstsein.

Natürlich braucht man vor allem eine gute Idee und eine präzise Kalkulation, bevor man ein Unternehmen gründet. Es gibt nämlich ganz viele naive Existenzgründer, die sich, ohne je einen Kredit zu bekommen, ideenlos ins Unglück stürzen. Das ist für mich ein blinder, einfältiger Mut, der ins Nichts führt. Der Kredit, den ich für die Galerie aufnahm, war überschaubar, keine utopische Million. Außerdem hatte ich keinen Zehnjahresvertrag für die Räumlichkeiten abgeschlossen, sondern dem Vermieter ganz realistisch meinen Businessplan vorgelegt und ihn gebeten, mir einen Mietvertrag für zwei Jahre zu geben. Was sich als sehr weise herausstellte, denn inzwischen bin ich mit der Galerie „meisterschueler" in eine größere Location an der Friedrichstraße umgezogen. Für meine Kunden ist sie nach wie vor ein ungeschliffener Diamant, voller Charme und Abenteuer.

Mein Frausein hilft mir sehr dabei, mit der ganz großen Charmeoffensive die Herzen meiner Kundschaft zu erobern. Wenn zum Beispiel so taffe Geschäftsmänner in die Galerie kommen und ich sie zum Lachen bringe und ein bisschen umgarne, dann fühlen sie sich wohl bei mir und sind eher geneigt, ein paar Euro für Kunst auszugeben. Manchmal kommen sie auch bloß, um sich mit mir zu unterhalten oder einen Kaffee zu trinken. Das hat nichts mit plumper Anbaggerei zu tun, sondern mit Sympathie. Wenn die Gattinnen der Herren dabei sind, muss man natürlich so schnell wie möglich einen guten Draht zu denen finden, damit sie nicht das Gefühl haben, dass da eine unheilvolle Allianz zwischen ihrem Mann und der Galeristin entsteht.

Neben der Gunst des Galeriepublikums freut mich auch, dass ich unter den Künstlern den Ruf habe, eine faire Geschäftspartnerin zu sein. Ist ein Bild verkauft, zahle ich sofort. Große und namhafte Galerien neigen dazu eher nicht.

Die größte Anerkennung ist allerdings, dass 2008 die Galerie „meisterschueler" in Wien eröffnen wird. Eine meiner Kundinnen, die früher eine sehr erfolgreiche Agentur besaß, will sie dort als Franchise-Unternehmen führen. Sie hat einfach Lust darauf, neue Wege zu gehen.

Franchise-Lizenzen werden zu 90 Prozent von Männern vergeben, und ich gehöre zu den zehn Prozent Frauen, die das tun. Ich bin außerdem die erste, die im Berufszweig Galerie eine Lizenz vergeben hat. Das ist für mich ein echtes Highlight meiner Karriere.

Im Zusammenleben mit Männern kann so ein Erfolg allerdings zu Komplikationen führen, vor allem wenn man daneben noch den Sommer über einen Porsche 912 fährt, der 1965 als Einstiegsmodell ausschließlich auf dem US-amerikanischen Markt angeboten wurde und inzwischen Kult ist. Kurz nachdem ich mir dieses Teil von einem Freund für drei Monate ausgeliehen hatte, saß ein anderer Freund darin schweigend neben mir, bis es irgendwann aus ihm herausbrach: „Na super, nicht nur, dass du jetzt eine eigene Galerie besitzt und die Presse dich als erfolgreiche Unternehmerin feiert – jetzt fährst du auch noch den geilsten Wagen der Welt."

Natürlich wusste ich, dass sich nach diesem Porsche 912 alle Männer die Finger lecken, der ist ja auch kaum zu toppen. Aber dass sich ein Mann in diesem Porsche klein neben mir fühlen könnte, hätte ich nicht gedacht. Mir wurde klar, dass eine erfolgreiche Frau einen Mann braucht, der etwas in gleicher Augenhöhe bewegt, denn alle anderen befürchten, dass sie ihre „Ugah-ugah"-Rolle: „Ich beschütze dich mit meiner Holzkeule" bei einer wie mir nicht ausleben können. Dabei versuche ich wirklich, immer schön weiblich zu bleiben und nicht als herrische Zicke rüberzukommen. Vor jedem Restaurant, in das ich mit einem Mann gehe, bremse ich mich beispielsweise vorher aus, damit nicht ich den Tisch aussuche und schon dran sitze, wenn er sich noch die Jacke auszieht.

Ich sage mir dann: Halt-stopp, jetzt musst du mal wieder dem Mann den Vortritt lassen. Ich finde es ja auch nach wie vor schön, wenn mir ein Mann die Tür aufhält oder mich als vermeintlicher

Beschützer in den Arm nimmt. Damit das klappt, muss man im richtigen Augenblick einfach ein bisschen tiefstapeln.

Anfangs dachte ich, dass es einen Mann freut, wenn die Frau an seiner Seite Erfolg hat, und so ist es ja vielleicht auch – nur darf ihr Erfolg nicht größer sein als sein eigener, denn dann ist die Frau auf der Überholspur, und damit kann er meist nur sehr schlecht umgehen.

Was Partnerschaften betrifft, war ich bisher ungeduldig, wenig kompromissbereit oder diskussionsfreudig. Wenn mir was nicht passte, dachte ich: Und tschüss! Ich kann mit meinen Ex-männern inzwischen einen Ruderachter besetzen, aber ich habe zu allen noch ein gutes, freundschaftliches Verhältnis.

Wer erfolgreich ist, muss auch aufpassen, dass nicht plötzlich alle Leute angerannt kommen, um ihre Probleme bei dir abzuladen. Da muss man eine Distanz schaffen, denn niemand kann von morgens bis abends Unternehmens- und Lebensberater für andere sein.

Natürlich bauen erfolgreiche Menschen im Laufe der Zeit so eine routinierte Stärke auf: Probleme gibt es nicht, es gibt nur Lösungen. Das verinnerlicht man total. Und an diesem Punkt wäre es entschieden einfacher, vor allem mit Menschen zu tun zu haben, die sich auf dem gleichen Level wie man selbst befinden, weil die Luft nach oben hin dünner wird und man da relativ schnell alleine ist.

Die Deutschen können sowieso nicht gut mit dem Erfolg anderer umgehen. Ich glaube, die meisten mögen es mehr, wenn man stöhnt und jammert, weil es einem ja so dreckig geht, und sie selbst jammern und stöhnen natürlich auch am liebsten. Wenn du aber sagst: He Leute, wir jammern auf hohem Niveau, es kann uns doch gar nicht besser gehen. Wir können alles wuppen, wir müssen nur losackern. Und sollten wir trotzdem mal Pech haben, besitzen wir ein ausgebautes Sozialsystem. Wenn du das sagst, gucken dich alle fassungslos an.

Einmal kam eine Journalistin von „Bild der Frau" zu mir, um über meine Galerie zu berichten, aber dann nahm sie Abstand davon, weil die normale „Bild der Frau"-Leserin von meiner Geschichte überfordert wäre im Sinne von: Was die erreicht hat, schaffe ich nie.

Von dieser Jammerposition der Frauen halte ich gar nichts, finde es völlig abwegig, wenn sie behaupten, nicht gegen die Netzwerke der Männer ankommen zu können. Das stimmt nicht. Es gibt inzwischen genauso gute Netzwerke für Frauen.

Mittlerweile haben wir ein ganz anderes Problem. Viele Frauen wollen nämlich zurückrudern, weil sie mit der ganzen Macht und Stärke, über die sie inzwischen verfügen, nicht zurechtkommen. Nun verspüren sie wieder Sehnsucht nach einem starken Arm. Zu meinem Freundeskreis gehören deshalb wohl mehr Männer als Frauen, weil die mir in ihrer Opferrolle auf die Nerven gehen. Diejenigen zum Beispiel, die mir von ihren schlimmen Ehen erzählen, aus denen sie eigentlich ausbrechen wollen, weil der Mann sie betrügt. Und wenn ich dann sage, dass sie sich schleunigst trennen sollten, kommt dieses: Na ja, aber da ist doch noch das Haus und der Garten ...

Ja, sorry, dann müssen wir an dieser Stelle nicht weiterreden. Man kann nicht auf der einen Seite das eigene Elend bejammern und auf der anderen nicht stark genug sein, in einer 1-Zimmer-Wohnung zu leben und sich die Miete dafür selbst zu verdienen.

Grundsätzlich finde ich, dass Männer und Frauen in unserer Gesellschaft die gleichen Chancen haben und für keinen Job und kein Amt mehr eine Quotenregelung brauchen. Dass es so ist, verdanken wir natürlich unseren Vorreiterinnen, die die

Gleichberechtigung von Mann und Frau erkämpft haben. Ohne sie wäre ich keine Galeristin, keine freie Unternehmerin.

Beim Thema Kind und Karriere kann ich nicht mitreden, weil ich kein Kind habe. Es gab bisher nur einen Mann in meinem Leben, mit dem ich bereit war, eins in die Welt zu setzen. Doch dann bekam ich ein Top-Jobangebot und wollte erst mal weiter Karriere machen. Das war purer Egoismus von mir, denn er wünschte sich dieses Kind sehr. Ich wollte mich auch nie allein mit einem Kind durchkämpfen, in diese Richtung ging mein Ehrgeiz nicht. Meine Freiheit und meine Selbstständigkeit waren mir wichtiger. Dafür bin ich jetzt für die Kinder meiner Freundinnen eine gute Patentante.

Ich kenne natürlich Frauen, die eine Karriere mit Kind gewagt haben, und das ist hart – Beruf, Kind, Mann, einkaufen, putzen, sexy sein. Ich muss nur für mich alleine sorgen und bin so in einer echten Luxussituation. Frauen, die das unter einen Hut bekommen, haben meinen Respekt.

Blöd finde ich die, die auf Kosten der Eltern studieren, um später einen reichen Mann zu heiraten, Kinder zu kriegen und sich eine Perlenkette um den Hals zu hängen. Für mich haben die aus bloßer Profilneurose studiert, um später als Hausfrau und Mutter sagen zu können, sie hätten ein Diplom. Ich glaube, dass solche Frauen unglaubliche Minderwertigkeitskomplexe quälen. Das spüre ich immer, wenn ich auf einem Treffen mit Freundinnen bin und darunter welche sind, die Kinder haben. Dann schwingt den ganzen Abend lang so eine schlechte Stimmung mit, weil sie mir unterschwellig vorwerfen, dass ich keine Kinder habe. Außerdem sind sie neidisch auf mein Leben. Neid ist für mich zwar die höchste Form der Anerkennung, ich finde es aber traurig, wenn sich Menschen, egal ob nun Mann oder Frau, in dem Leben nicht wohl fühlen, für das sie sich freiwillig entschieden haben.

Es gibt allerdings genauso viele Karrierefrauen, die jammern: Ich bin so gestresst, ich werde nicht anerkannt in der Männerwelt. Meine biologische Uhr tickt, bald ist es zu spät für ein Kind und mit meinem Erfolg finde ich sowieso keinen Mann.

Ich finde es Quatsch, wenn Frauen sagen, dass es als erfolgreiche Frau schwierig ist, einen Mann zu finden. Schwierig wird es nur, wenn diese taffen Frauen meinen, auch zu Hause ständig Chefin spielen zu müssen.

Frauen neigen dazu, sich das Leben schwer zu machen. Mir zum Beispiel war es jahrelang peinlich, dass ich kein Abitur habe. Wenn meine Kollegen auf Arbeitsessen über das kleine und große Latinum oder ihre Abiturfeiern redeten, saß ich betreten daneben. Bis ich endlich auf der Karriereleiter so weit oben stand, dass es mir egal war. Es gibt heute so viele Seiteneinsteiger, die keine Zeugnisse brauchen, um zu beweisen, wie gut und begabt sie sind. Außerdem rate ich allen, so früh wie möglich zu entscheiden, ob man tatsächlich ein Leben XXL mit einem teuren Auto, einer teuren Wohnung, teuren Klamotten und einer großen, teuren Reise im Jahr will und dafür bereit ist, rund um die Uhr zu ackern. Oder ob nicht vielleicht ein Leben in Größe S völlig ausreicht, um glücklich zu sein.

Meine Botschaft an die Frauen lautet: Hört auf zu jammern, falls ihr keine Karriere gemacht habt, und auch, wenn ihr eine gemacht habt. Nehmt euer Leben so, wie es ist. Solltet ihr das nicht können, verändert es.

Ich glaube, dass es für eine Karriere wichtig ist, ganz viel zu erleben und verschiedene Lebensformen auszuprobieren, sich selbst zu verwirklichen und dabei den Mut zu haben, auch mal zu scheitern.

Viel schlimmer ist es doch, wenn ich mir eines Tages eingestehen müsste: Da hattest du mal die Idee, eine Galerie der

Meisterschüler zu gründen, hast es dich dann aber doch nicht getraut, sondern bist in deiner Firma mit Weihnachtsgeld und Krankschreibung geblieben, um dich bis zum Ende deiner Tage von deinen Chefs schikanieren zu lassen. Dabei warst du so nah dran.

Das wäre wirklich schade.

Dr. Margot Käßmann, 49, Bischöfin

„Wer eine Führungsposition einnehmen will, muss auch klar sagen, wer die Chefin ist."

1200 Menschen sind am 4. September 1999 in der Marktkirche von Hannover versammelt, 4000 weitere stehen auf dem Platz davor, um auf einer Großbildleinwand zu erleben, wie Margot Käßmann das Bischofskreuz von ihrem Vorgänger Horst Hirschler übernimmt. Die Wahl der damals einundvierzigjährigen Generalsekretärin des Deutschen Evangelischen Kirchentages ist eine Sensation: Eine junge Theologin und Mutter von vier Töchtern wird die jüngste Bischöfin der größten evangelisch-lutherischen Landeskirche mit über drei Millionen Mitgliedern und steht damit in der Kirchenhierarchie auf der höchsten Stufe.
Eine Frau – kann die das?, fragten sich vor allem die Kirchenmänner. Besorgte Kreise der Hannoverschen Kirche beriefen aus Protest ei-

ne „Not-Synode" ein, denn einige Menschen meinten, man müsse eine Mutter von vier Kindern vor den Belastungen des Bischofsamts schützen und die Kinder vor dem Ehrgeiz ihrer Mutter. Das empfand Margot Käßmann als beleidigend, denn nach der Vereinbarkeit einer großen Familie mit dem Bischofsamt hätte niemand gefragt, hätten sich die Synodalen damals nicht für Dr. Margot Käßmann, sondern für den anderen Kandidaten entschieden – einen fünffachen Vater. Margot Käßmann kämpft seitdem für mehr Selbstbewusstsein in der protestantischen Kirche. Sie gilt als streitbar und fortschrittlich, eloquent, schlagfertig, spontan, als eine Frau mit Haltung und Humor. Als sie im Sommer 2006 erfuhr, dass sie Brustkrebs hat, scherzte sie vor der Kamera: „Der liebe Gott testet manchmal sein Bodenpersonal."

Für meine Mutter, die selbst nie studiert hat, war Bildung besonders wichtig für ihre Töchter. Eine umfassende Bildung, ein gewisser Ehrgeiz, ein Schuss Disziplin und der Mut, ja zu sagen bei Herausforderungen, waren für sie die vier Grundpfeiler des Erfolgs. Meine Mutter wollte, dass wir gut sind in der Schule, und ich habe zumindest versucht, ihrem Wunsch entgegenzukommen. Am Ende legte ich sogar ein passables Abitur hin und studierte Theologie.

Mein Ehrgeiz wurde mir später oft als etwas Negatives bei einer Frau unterstellt, aber wer etwas erreichen will im Leben, gut sein möchte in dem, was sie tut, kommt ohne Ehrgeiz nicht weiter. Das habe ich inzwischen auch meinen vier Töchtern mit auf den Weg gegeben.

Wievielen Frauen der Mut fehlt, ja zu sagen, erlebe ich als Bischöfin häufig. Frage ich beispielsweise eine Mitarbeiterin, ob sie bereit sei, eine leitende Stelle zu übernehmen, traut sie sich das oft nicht zu und hat auch fünfzehn Argumente in petto, die gegen sie sprechen. Stelle ich Männern die gleiche Frage, fühlen sie sich geschmeichelt und sind völlig überzeugt, dass sie für diesen Posten genau der Richtige sind. Frauen sollten deshalb jeden Morgen in den Spiegel schauen und sich sagen: Du bist gut, trau es dir zu, du kannst das, du wächst mit deinen Aufgaben.

Natürlich hatte ich manchmal Angst vor meiner eigenen Courage. Als ich 1999 Generalsekretärin des Deutschen Evangelischen Kirchentages wurde, saß ich am ersten Tag in meinem Amtssessel und dachte: Liebe Margot, diese Schuhe sind dir jetzt wohl eine Nummer zu groß, damit wirst du nicht fertig.

Eine Frau nimmt auch viel mehr Rücksicht auf die Familie als ein Mann. Wenn der einen besser bezahlten Job in einer anderen Stadt bekommt, geht er davon aus, dass die Familie mit ihm umzieht. Eine Frau fragt sich sofort, ob das nicht eine ungeheure Zumutung wäre, wenn jetzt ihretwegen alle die Koffer packen müssen. Für mich ist das ein sehr komplexes Feld, das natürlich handfeste Ursachen hat. Eine Frau, die Karriere macht, gilt nicht als feminin, sondern als raues Weib, als eine Durchsetzungszicke. „Frau und Karriere" ist immer noch negativ besetzt. Eine Frau und trotzdem durchsetzungsfähig und bestimmend zu sein, ist für viele ein Widerspruch.

Ich wollte immer gut sein in dem, was ich mache, und ich wollte Pfarrerin werden. Als ich das geschafft hatte, musste ich überlegen, wie es mit mir im „Erziehungsurlaub" auf dem Dorf weitergeht. Da rieten mir Freunde: „Mach deinen Doktor, damit dir später niemand vorwerfen kann, du seist theologisch nicht gut genug qualifiziert."

Damals wusste ich nicht, ob ich das kann, traf aber die richtige Entscheidung. Den theologischen Doktortitel musste ich mir hart erarbeiten, weil da ja gleichzeitig drei Kinder zu erziehen waren.

Viele Frauen möchten auch in Führungspositionen „everybody's darling" sein, aber das ist nicht so einfach. Denn wer leitet, muss sich durchsetzen können. Das wird natürlich nicht immer als positiv wahrgenommen.

Ich habe heute vor allem gute Beziehungen zu Frauen, die unter einem ähnlichen Druck stehen wie ich und den auch positiv finden. Wer das nicht kennt, rät mir natürlich, doch alles ein bisschen langsamer und gemächlicher anzugehen. Aber das hilft ja letztes Endes nichts, weil ich dem Druck standhalten muss, den es im Bischofsamt nun einmal gibt. Wenn mir andere erzählen, dass sie nach einer großen Anstrengung zwei Tage auf dem Sofa liegen und nur Fernsehen gucken, kann ich mir das überhaupt nicht vorstellen, weil ich weiß, was noch alles zu tun ist. Deshalb werde ich auch ungeduldig – eine Schwäche von mir –, wenn ich mich mit jemandem um drei verabredet habe, die- oder derjenige aber erst Viertel vor vier kommt. Durch mein straffes Zeitmanagement muss ich mich dann nach fünfzehn Minuten verabschieden.

Ich kann auch am Wochenende keine Pause machen und weiß selbst, dass ich zu viel arbeite. Deshalb sind solche latenten Vorwürfe nicht hilfreich, sondern eher belastend. Meinen Töchtern musste ich den Stand der Dinge hin und wieder klarmachen: Ich bin Bischöfin und ich bin es mit Leidenschaft. Das ist mein Beruf, deshalb müsst ihr meine häufige Abwesenheit hinnehmen. Das hat für euch auch etwas Positives, denn ich verdiene dadurch gut genug, so dass ihr alle studieren könnt. Sobald ich Zeit habe, gehe ich mit euch joggen, in die Sauna, fahre mit euch ans Meer.

Natürlich ermüdet mich der Stress manchmal und ich habe keine Lust auf noch eine weitere Sitzung. Aber Gelungenes gibt mir dann wieder Auftrieb. Wenn ich in einer gut gefüllten Kirche einen Gottesdienst halte und meine Predigt „kommt an", will ich beim nächsten Mal wieder gut sein.

Kraft geben mir auch meine guten Mitarbeiterinnen und Mitarbeiter, die mich unterstützen, bei denen ich weiß, dass sie zu hundert Prozent hinter mir stehen. Wenn alle gegen mich giften würden, sobald ich den Raum verlasse, käme ich ins Wanken. Mich belastet schon, wenn mal zwei Sekretärinnen untereinander verzankt sind. Ich brauche eine emotionale Stabilität, eine konstruktive Atmosphäre, um etwas leisten zu können. Und Gottvertrauen.

Es war vor allem dieses Gottvertrauen, das mir 2006 half, mit meiner Brustkrebserkrankung fertig zu werden. Eigentlich wollte ich sie gar nicht öffentlich thematisieren, aber Fragen und Spekulationen wären unausweichlich gewesen, wenn die Bischöfin zwei Monate lang alle Termine absagt. Ich habe in dieser Zeit sehr viel Zuwendung erfahren. Manchmal dachte ich schon, der liebe Gott ist bestimmt ungehalten, dass so viele Menschen für mich beten, denn anderen geht es viel schlechter als mir. Mir lag daran, zu zeigen, dass die Diagnose Krebs nicht gleich das Todesurteil sein muss. Außerdem ist Krankheit für mich nicht die Strafe Gottes, sondern Teil des Lebens. Ich frage nicht, ob ich ein Stück kürzer oder länger leben darf. Für mich ist wichtig: Lebst du intensiv und nimmst du das als Geschenk wahr?

Meine Großmutter sagte immer: „Wenn dir der liebe Gott ein Amt gibt, gibt er dir auch die Kraft, das auszufüllen." Zum christlichen Menschenbild gehört auch, dass man Fehler machen darf, nicht alles, was man tut, perfekt sein muss. Was Fehler betrifft, bin ich allerdings extrem selbstkritisch. In den letzten Wochen habe ich zum Beispiel viele Vorträge gehalten, von denen drei ganz wunderbar bei den Leuten ankamen. Nur einer passte nicht zum Publikum, und das habe ich unmittelbar gemerkt. Noch lange nach der Veranstaltung nagte in mir eine solch große Unzufriedenheit, dass mich meine Referentin regelrecht zur Ordnung rief: „Hör auf zu grübeln! An all die anderen Vorträge, die super waren, erinnerst du dich nicht, du denkst nur an den einen, der nicht so gut ankam."

Männer stecken so einen Misserfolg leichter weg, denke ich, und empfinden Konflikte emotional nicht so tief wie Frauen. Ein Mann bestätigt sich selbst, dass er gut ist. Wenn er schlecht war, lag es an den Umständen, nicht an ihm. Frauen suchen den Fehler vor allem bei sich. Auch Machtkämpfe ertragen sie schwer. Ich kenne eine Frau, die es nicht schafft, sich wirklich durchzusetzen. Sie klagt dann, welche Intrigen ein Mann gegen sie spinnt. Aber jammern hilft nicht.

Wer eine Führungsposition einnehmen will, muss auch klar sagen, wer die Chefin ist.

Ich weiß allerdings auch, wie unterschwellig Männer die Frauen oft angreifen. Neulich, kurz vor einem Gottesdienst mit rund hundert Besucherinnen und Besuchern, kam beispielsweise der Chorleiter zu mir und sagte in so einem schnippischen Ton: „Na, spielen wir heute mal Bach und nicht Ihren Sacro-Pop?" Ob er sich das bei einem Bischof getraut hätte?

Ich brauchte die ersten zehn Minuten des Gottesdienstes, um mich in den Griff zu bekommen. Dabei wollte ich ihm gar nicht gönnen, dass er mich so treffen kann. Ich war aber vor dem Gottesdienst nicht auf so eine verbale Attacke vorbereitet. Wenn ich in eine Sitzung gehe, weiß ich meist vorher, ob es Konflikte gibt, und kann dann gut damit umgehen.

Selbstverständlich werden Menschen mit Macht angegriffen, aber Frauen gegenüber sind die Angreifer herablassender, sie stellen sie schnell als inkompetent hin. Und die Frauen selbst sind verletzbarer. Das habe ich auch bei der ganzen Diskussion um meine Scheidung gespürt. Ein Bischof oder eine Bischöfin soll möglichst perfekt sein, und bei einem Ehegelübde heißt es nun mal „... bis dass der Tod euch scheidet".

Im Privaten ist die Sehnsucht nach Anlehnung, nach einer harmonischen, glücklichen Beziehung bei Frauen größer als bei Männern. Und wenn er sie verletzt, verlässt, ist das schrecklich. Aber davon geht die Welt nicht unter. Eine Frau muss nur wissen, wo sie steht. Im Zweifelsfall muss sie ihre Frau stehen. Da muss sie durch, auch wenn es schwerfällt. Beziehungskrisen, Trennungen, Auseinandersetzungen machen das Leben nicht schlechter, nur tiefer, du gehst reifer daraus hervor.

Ich habe in den vergangenen Monaten sehr viel über Trennung und das Verhältnis der Kirche dazu nachgedacht. Wir begleiten als Kirche die Trauung von Menschen und freuen uns mit ihnen über ihr Glück. Sollten wir ihnen da nicht auch beistehen, wenn das Glück sie verlässt?

Mein Mann und ich haben uns im Frieden getrennt, und als Familie sind wir alle noch einmal zusammen zum Abendmahl gegangen. Das war für mich sehr wichtig. Viele trennen sich aber voller Hass, der dann auch die Kinder trifft. Das ist schrecklich, und deshalb fände ich es gut, wenn die Kirche die Scheidung mit einem friedlichen Ritual begleitet. Als ich das vor vielen Jahren und lange vor meiner Trennung einmal öffentlich anregte, ist mir so viel Kritik begegnet, dass ich den Vorschlag nicht wiederholt habe. Seit vielen Jahren veranstalten wir aber viermal im Jahr Gottesdienste für Menschen, die von Trennung betroffen sind.

Ich finde es sehr wichtig, dass Frauen finanziell auf eigenen Füßen stehen, wenn Ehen zerbrechen. Die evangelische Kirche hat die Pfarrfrauen in den sechziger, siebziger Jahren noch gedrängt, ihren Beruf nach der Heirat aufzugeben. Für sie war es oft das soziale Aus, wenn die Ehe nach Jahren im Dienste der Gemeinde, der Kinder, des Mannes zerbrach, denn nur wenige schafften es zurück ins Erwerbsleben. Deshalb liegt mir daran, dass meine vier Töchter studieren, ihre Selbstständigkeit und innere Freiheit nie verlieren. Natürlich wünsche ich ihnen, dass sie einen Partner finden, mit dem sie glücklich sind.

Aber keine Frau kann sich heute mehr darauf verlassen, dass ein Mann sie durchs Leben trägt, sondern sie muss sich ihren Unterhalt, ihre Alterssicherung selbst verdienen. Außerdem tut es einer Partnerschaft gut, wenn zwei freie Menschen, die finanziell unabhängig voneinander sind, zusammenleben.

Unter meinen Mitarbeiterinnen sind einige junge Frauen, die für ihre Kinder zu Hause geblieben sind, dann aber hoch motiviert wieder ins Berufsleben einstiegen, um ihren Begabungen und beruflichen Fähigkeiten nachzukommen. Rabenmütter sind sie deshalb nicht. Wenn ich beruflich erfolgreich war, tat das auch meinen Töchtern gut.

Junge Mütter sind besonders diszipliniert, haben ein straffes Zeitmanagement, kommen und gehen pünktlich, weil sie sich um ihre Kinder kümmern müssen. Frauen haben inzwischen ganz verschiedene Lebensmodelle. Die eine lebt ohne Partner, die andere mit Partner, die eine lebt ohne Kinder, die andere mit Kindern, die eine lebt mit Kindern und Partner, die andere mit Kindern allein. Ich fände es gut, wenn diese Lebensmodelle endlich gleichwertig nebeneinanderstehen und nicht ständig eins gegen das andere abgewertet wird.

In Deutschland können heute im Prinzip alle Frauen Karriere machen, aber wenn sie in einer Partnerschaft leben, wird es schwierig, sobald sie Kinder haben. Denn was die Kindererziehung betrifft, gibt es zwischen Mann und Frau keine Gleichberechtigung. Die Hauptlast der Kinderbetreuung und der Haushaltpflege liegt bei den Frauen. Wenn Frauen mit Kindern Karriere machen, ist der Preis hoch, den sie dafür zahlen müssen.

Trotzdem bin ich sehr zufrieden, dass ich früh Kinder bekommen habe und dass es vier sind. Das würde ich genauso wieder machen. Manchmal dachte ich nur, dass der Abstand zwischen meinen Töchtern zu groß war, denn zwischen der jüngsten und der ältesten liegen zehn Jahre. Die Kinderphase war für mich dadurch sehr lang. Trotzdem habe ich beruflich viel erreicht und bin froh damit.

Sehr wichtig für Frauen sind gute Netzwerke, wenn sie erfolgreich sein wollen. Mir hat einmal ein Wirtschaftsfachmann gesagt, dass Männer mit Menschen netzwerken, die ihnen nützlich sind, und Frauen mit solchen, die ihnen sympathisch sind. Das hat mich nachdenklich gemacht. Ich überlege jetzt eher, mit wem ich koaliere, aber gewiss nicht nur mit solchen, die mir nützlich sind.

Ich bin kein Mensch, der alles einsam entscheidet und dann eiskalt durchzieht, sondern ich brauche den Diskurs, bis ich weiß, wo es langgeht. Meine Netzwerke habe ich vor allem im beruflichen Bereich aufgebaut, denn dort brauche ich den meisten Austausch, den Resonanzboden für neue Ideen. Wenn mir meine Mitarbeiterinnen und Mitarbeiter gut zuarbeiten, finde ich das großartig und drücke die Anerkennung auch aus. Frauen pflegen eine bessere Anerkennungskultur als Männer. Da erlebe ich eher eine Haltung von „Seien Sie dankbar, dass Sie für mich arbeiten dürfen". Das empfinde ich als herablassend.

Ich verstehe mich mit Frauen in Leitungsfunktionen sehr gut. Zweimal im Jahr treffen sich einige von uns beispielsweise zu einem Frauenfrühstück, um gemeinsam zu überlegen, wie wir unsere Arbeit noch besser verlinken können. Es sind zwölf sehr interessante Frauen aus verschiedenen Bereichen, die ich auch anrufe, wenn ich einen Rat brauche. Netzwerken macht Spaß, Frauen sollten es viel öfter tun.

Frauen brauchen auch Freundinnen, die sie abends anrufen können, um sich bei ihnen notfalls auszuheulen: Mein Tag war so furchtbar, ich habe ihn zwar überstanden, aber vor der Konferenz morgen graut mir. Und dann macht ihr die andere Mut: Du ziehst morgen dein Lieblingskostüm an, malst dir die Lippen an und stehst das durch. Humor hilft auf jeden Fall. Und Frauen müssen über ihre Probleme reden können. Sie brauchen hin und wieder eine Ermutigung und sind da meist sehr solidarisch.

Wir müssen uns aber nicht alle Botox spritzen, um erfolgreich zu sein. Ich entdecke auf meinem Kopf inzwischen einige graue Haare und ein paar Falten sind auch schon da, aber ich werde mich deshalb nicht zum Schönheitschirurgen begeben.

Was mich oft nervt, ist dieser Vorwurf der Zickigkeit mit Blick auf Frauen. Da heißt es, Frauen seien nicht konfliktfähig. Das stimmt nicht. Sie sind nur emotionaler als Männer. Was nicht heißt, dass Männer alle wunderbar zusammenarbeiten, weil sie die nötige Distanz bewahren. Ich kenne Männer, die sich nach einer Auseinandersetzung nur noch Mails schicken und sich ansonsten anschweigen. An meiner Pinnwand in meiner Kanzlei hängen so schöne Sprüche wie „Männer kennen Probleme für jede Lösung" oder „Suche fünf fleißige Männer oder eine Frau".

Mir ist bewusst, dass ich als Bischöfin in der evangelischen Kirche viel beeinflussen und gestalten kann: die Kirchenreform oder die Personalpolitik. Ich kann die Friedensfrage in den Mittelpunkt stellen, zur Wehrpflicht, zur aktiven Sterbehilfe, zum Sonntagsschutz Stellung nehmen, ich kann für Positionen eintreten, von denen ich zutiefst überzeugt bin, denn ich denke, dass Kirche wichtig ist für die Gesellschaft und für jeden einzelnen Menschen.

Das Feedback, das ich bekomme, ist positiv. Der Luxus in meinem Amt ist, dass sich die Kirche jeden Sonntag bestens füllt, weil es ein Festgottesdienst ist. Und die Leute freuen sich, wenn ihre Bischöfin predigt. Wenn hinterher manche zu mir kommen und sagen, dass meine Worte ihrer Seele gutgetan haben, stärkt das wiederum mich.

Barbara Wiedemann, 50, Unternehmerin

*„Frauen schaffen alles, wenn sie nur wollen, davon bin ich fest über-
zeugt."*

Als der Großvater von Barbara Wiedemann schon kurz nach dem
Krieg die Firma WIEDEMANN gründete, die sich vom Spezialliefe-
ranten für die Zuckerindustrie schnell zum Fachlieferanten für die
Industrie und Haustechnik entwickelte, war nicht abzusehen, dass
zum Unternehmen nach über sechzig Jahren neben dem Logistik-
zentrum in Sarstedt weitere sechzehn Niederlassungen sowie Toch-
tergesellschaften in Burg, Jena, Osnabrück, Siek, Verl und Warschau
in Polen gehören würden.

Barbara Wiedemann übernahm 1983, nach dem tragischen Tod ihres Vaters, die Geschäfte in der dritten Generation. Sie war damals 26 Jahre alt, und ihr Umfeld beobachtete anfangs mit großer Skepsis, ob es das junge Ding tatsächlich schaffen würde, in die Fußstapfen des Vaters zu treten. Heute beschäftigt die Unternehmensgruppe WIEDEMANN über 1400 Mitarbeiter. Ihr Angebot umfasst die Bereiche Haustechnik, Anlagenbau und Gebäudeautomation. In den letzten Jahren hat sich WIEDEMANN als Spezialist für moderne Technologien wie Solartechnik, Fotovoltaik und kontrollierte Wohnraumlüftung etabliert. Alternative Energiekonzepte sowie regenerative Wärmeversorgung sind weitere Geschäftsfelder. Die weltweite Belieferung der lebensmittelverarbeitenden Industrie, insbesondere der Zuckerindustrie, ist ebenfalls ein Schwerpunkt der Unternehmensgruppe.

Barbara Wiedemann studierte Betriebswirtschaft, ist Mutter von vier Kindern und fest davon überzeugt, dass jede Frau Karriere machen kann – wenn sie es selber wirklich will.

Ich führe das Familienunternehmen WIEDEMANN seit 1983. Das war mir nicht von Anfang an in die Wiege gelegt, denn meine Eltern hätten auch akzeptiert, wenn ich mich für einen anderen, völlig eigenen Weg entschieden hätte. Aber ich wollte schon immer gern Kaufmann werden und studierte deshalb nach dem Abitur in Hamburg Betriebswirtschaft. Zwanzig Prozent der Studierenden waren Frauen, achtzig Prozent Männer, und unser Professor für Steuern und Revision war der Ansicht, dass wir Studentinnen nur in den Hörsaal kamen, um uns nach einem Ernährer unserer zukünftigen Familie umzusehen. Wir fanden das lächerlich, für uns war er nur ein ewig Gestriger.

Nach dem Studium begann ich in der Firma WIEDEMANN, obwohl mir dabei nicht ganz wohl in der Haut war, denn mein Vater konnte sehr streng und aufbrausend sein. Aber als er mich bat, doch wenigstens mal reinzuschnuppern in unser Familienunternehmen, gab ich seinem Wunsch nach, schließlich hatten mir meine Eltern das Studium finanziert und mich in jeder Hinsicht unterstützt.

Es war nicht einfach für mich, mit meinem Vater zu arbeiten. Ich sollte von Anfang an alles richtig machen, ihm Tag und Nacht zur Seite stehen, seinen Zorn ertragen, seine Entscheidungen hinnehmen. Da krachte es natürlich zwischen uns, und wir wussten beide nicht, ob wir das Unternehmen gemeinsam führen konnten. Leider hatten wir dann auch keine Chance, es herauszufinden, denn 1983 kam mein Vater auf einer gemeinsamen Dienstreise bei einem Autounfall ums Leben. Ich kam mit schweren Verletzungen ins Krankenhaus und kann mich bis heute nicht erinnern, was an diesem Tag geschah.

Als ich nach vier Wochen zurück in die Firma kam, ging das Gerede natürlich los: Das schafft das junge Ding doch nie, so schnell in die Fußstapfen des Vaters zu treten, dazu in einem von Männern dominierten Unternehmen, in dem sich alles um Maschinen und Anlagen für die Zuckerindustrie, Heizungs-, Sanitär- und Umwelttechnik dreht. Zu diesem Zeitpunkt bestand die Firma WIEDEMANN KG aus dem Hauptsitz in Sarstedt und drei Niederlassungen in Braunschweig, Göttingen und Soltau.

Natürlich war mir bewusst, dass ich mich in einer absoluten Männerdomäne beweisen musste, aber in der Kalkulation zum Beispiel, wo technisches Know-how gefragt ist, viel mit Zahlen gearbeitet wird, stand damals auch eine Frau ihren Mann. Das machte mir Mut, und wie sich in den folgenden Wochen und Monaten zeigte, konnte ich mich tatsächlich ohne große Probleme bei den Abteilungsleitern und Prokuristen durchsetzen. Ich hatte das Geschäft zwar nicht von der Pike auf gelernt, noch nie eine Kloschüssel verkauft, aber bei einer so großen Produktionspalette wie der unseren konnte man mir das schlecht vorwerfen.

Ich übernahm noch im gleichen Jahr die alleinige Geschäftsführung der WIEDEMANN KG; 1986 eröffneten wir eine Handwerker Kooperation mit Sitz in Hannover, 1988 eine Niederlassung in Bückeburg, 1989 ein weiteres Unternehmen in der Nähe von Magdeburg, 1990 ein Abhollager in Wolfsburg, 1992 die WIEDEMANN Polska – und so ging es sehr erfolgreich weiter. Inzwischen haben wir uns vom regionalen Fachlieferanten zu einem international tätigen Systemanbieter entwickelt.

Wenn ich anfangs zu Unternehmertreffen ging oder mich mit Geschäftspartnern traf, die mich noch nicht persönlich kannten, gab es schon den einen oder anderen, der mich für meine eigene Sekretärin hielt, aber damit konnte ich gut leben. Es amüsierte mich, zu beobachten, wie sich die Leute verhielten, wenn sich der Irrtum aufklärte. Die meisten fanden es spannend, dass endlich eine Frau zu ihren Kreisen gehörte und etwas von Technik und Bilanzen verstand.

Frauen schaffen alles, wenn sie nur wollen, davon bin ich fest überzeugt. Umso erstaunter war ich, als eines Tages Birgit Breuel mich als junge, erfolgreiche Unternehmerin bat, mehr Frauen in meinem Umfeld zu fördern. Ausgerechnet sie, die selbst eine ausgesprochene Gegnerin von Quoten war. Als Generalkommissarin der EXPO 2000 sagte sie einmal in einem Interview, dass eine Quote für die Frauen eher schädlich ist, weil es dann nämlich immer heißt, sie sei dieses oder jenes nur geworden, weil sie eine Frau ist.

Ich finde Quoten schrecklich und will kraft meiner Stellung keine Frau auf den Thron heben – das muss sie schon selber wollen und schaffen. Wenn sie gut sind, können Frauen bei mir alles werden, genauso wie Männer.

Interessant finde ich vor allem herauszufinden, wodurch sich die Leistungen und Erfolge der Frauen von denen der Männer unterscheiden, um sie dann effizient und nutzbringend miteinander zu verknüpfen. Als besser oder schlechter würde ich das Können von Frauen und Männern nie bewerten. Es ist anders.

In den achtziger Jahren war es für die Außendarstellung eines Unternehmens unumgänglich, dass eine gewisse Anzahl der wichtigen Posten wenigstens auf der mittleren Ebene von Frauen besetzt war. In diesen Zeiten der allumfassenden Quotenregelung war es für Frauen natürlich einfacher, irgendwo an die Spitze zu gelangen, was aber nicht automatisch bedeutet, dafür auch die nötige Anerkennung zu bekommen.

In dieser Zeit des eigenen unternehmerischen Aufbruchs habe ich geheiratet. 1984 kam meine Tochter Sophie, 1986 mein Sohn Adrien zur Welt. Ich wollte immer Kinder haben, und das so früh wie möglich. Die meisten Menschen, die ich kannte, wollten erst ein Haus bauen, einen Baum pflanzen und ihren ersten Porsche fahren, ehe sie Kinder in die Welt setzen. Ich dagegen wollte eine junge Mutter für meine Kinder sein und habe das nie bereut. Außerdem bleibt das WIEDEMANN-Familienunternehmen auch nur dann ein Familienunternehmen, wenn es eine Familie gibt. Die Nachfolge wollte ich deshalb schon gesichert wissen.

Mein damaliger Mann, ein Franzose, ist freier Journalist, und wenn unsere Freunde ihn damit aufzogen, dass er als Mann einer erfolgreichen Frau doch nicht mehr zu schreiben brauche, sondern sich völlig entspannt der Erziehung der Kinder widmen könne, kam er damit gar nicht klar. Auch nicht, wenn ich früh um fünf auf Geschäftsreise ging und abends sein Chateaubriand verschmurgelte, weil ich vier Stunden später als verabredet nach Hause kam.

Meine Mutter hat dies für meinen Vater geleistet, aber das war auf unsere Beziehung natürlich nicht einmal ansatzweise übertragbar. Als ich 1988 in wichtigen Geschäftsverhandlungen stand und wenig Zeit für die Familie hatte, fuhr er zur Olympiade nach Seoul, ohne das vorher entsprechend vorzubereiten. Er hatte auch gar nicht die Absicht gehabt, es zu tun, denn er fand, dass ich ihn in seiner Arbeit nicht genug respektierte, was nicht stimmte. Ich wollte doch nur mit ihm gemeinsam überlegen, von wem wir unsere Kinder betreuen lassen, wenn er für drei Wochen nach Seoul fliegt und ich ebenfalls von Montag bis Freitag unterwegs bin.

> Ich weiß bis heute nicht, warum die allermeisten Männer so eine Konstellation nicht verkraften, so anders sind als Frauen. Ich kann auch nicht sagen, dass ich dieses Anderssein zu schätzen weiß, auch nur andeutungsweise verinnerlichen kann. Ich mache mich eher lustig darüber, dass Männer nicht einmal zwei Dinge auf einmal tun können. Kochen sie zum Beispiel Eier zum Frühstück, gucken sie zu, bis die Eier fertig sind. Frauen haben in dieser Zeit den Tisch gedeckt, die Brötchen getoastet und mit dem Steuerberater telefoniert.

Nach zehn Jahren Ehe trennten wir uns, und ich musste mein Leben zwischen der Eröffnung neuer Niederlassungen in ganz Deutschland und Polen anders organisieren. Zum Glück hatten wir eine Haushälterin, für die es nichts Schöneres gab, als morgens zu uns zu kommen, aufzuräumen, Wäsche zu waschen und zu kochen. Das nenne ich Arbeitsteilung und ist der richtige Weg. Sie hat unseren Haushalt perfekt gemanagt und meine Kinder mochten sie sehr.

Was mich erstaunte, war, dass ich nach unserer Scheidung nicht mehr zu privaten Festen oder Essen eingeladen wurde. Alle dachten, dass ich mit zwei Kindern und ohne Mann sowieso keine Zeit mehr habe nach all dem Stress im Büro. Ich fand das schlimm.

So hatte ich wenig Chancen, alte Freunde zu treffen, neue Leute kennenzulernen, am Leben der anderen teilzunehmen.

Leider habe ich mir auch nur wenige Freundinnen geleistet. Ich kenne Frauen, die gleich ein Dutzend haben, darunter natürlich eine beste Freundin, mit der sie mindestens dreimal am Tag telefonieren und ihr zusätzlich noch Faxe schicken. Ich habe mir dafür definitiv keine Zeit gegönnt.

Aber es gibt eine Freundin, die ganz in meiner Nähe wohnt und gerade ihr viertes Kind bekommen hat. Heute zwinge ich mich hin und wieder regelrecht dazu, meine Bürotür abzuschließen und zu ihr zu fahren.

Sie ist eine hervorragende Ärztin, ihre Patienten lieben sie, aber wann sie an diesen Erfolg wieder anknüpfen kann, ist ungewiss. Ob Ganztagskita oder Ganztagsschule für die vier, Kinderfrau oder Au-pair – alles muss sie selbst organisieren, denn ihr Mann macht nahezu weiter wie bisher und fliegt als selbstständiger Unternehmer durch die ganze Welt.

Dass eine Frau ohne Familie nach vorne kommt, glaube ich sofort, aber mit Familie ist es schwer. Aber warum müssen sich eigentlich immer die Frauen darum kümmern, dass die Kinder, die man sich gemeinsam gewünscht hat, gut versorgt sind, dass das Essen auf dem Herd steht und der Kühlschrank gut gefüllt ist?
Und warum wissen Männer nicht, dass ein Schnitzel mehr kosten muss als 27 Cent, um wirklich gesund und frisch zu sein? Es wird noch Zeit brauchen, bis sich hier allgemein etwas ändert.

Mein zweiter Mann gab seinen Beruf auf, um mit ins Unternehmen WIEDEMANN einzusteigen. Im Nachhinein weiß ich, dass das keine kluge Entscheidung war, denn er bekam nie die gleiche

Anerkennung wie ich, obwohl wir in ganz unterschiedlichen Bereichen arbeiteten und er sehr tüchtig war.

Seit unserer Trennung arbeitet er wieder als Arzt, und wenn er sich mit unseren beiden gemeinsamen Töchtern Lara und Louisa trifft, begegnen wir uns zum Glück in Freundschaft.

Inzwischen bin ich das dritte Mal verheiratet. Mein Mann hat sein eigenes Unternehmen und seine eigenen Erfolge, ich habe mein eigenes Unternehmen und meine eigenen Erfolge. Wir schätzen und bewundern, was der andere tut.

Ich beschäftige in meinen Unternehmungen inzwischen 1400 Mitarbeiter, die meisten davon sind Männer, auch in der Leitungsebene. Was nicht heißt, dass ich nicht gern Frauen auf diesen Posten sehen würde, aber Frauen bewerben sich nicht darum. Sie trauen sich das erst gar nicht zu oder brauchen einen geregelten Feierabend, weil sie Kinder haben. Ich muss mir sehr gut überlegen, ob ich einer Frau zwischen zwanzig und vierzig einen Leitungsposten übergebe, denn wenn sie Kinder hat oder bekommt, hat sie tausend Rechte für sich, aber kaum Pflichten dem Arbeitgeber und den Kollegen gegenüber.

Könnte ich mit ihr allerdings Vereinbarungen treffen, zum Beispiel, dass sie bis kurz vor der Entbindung arbeitet, wie ich es bei meinen vier Kindern getan habe, und nach der Geburt des Kindes so bald wie möglich ins Unternehmen zurückkehrt, wäre es einfacher.

Bei uns gibt es auch Väter, die Erziehungsurlaub nehmen. Mein Betriebsratsvorsitzender beispielsweise war mit seinem Kind zu Hause, weil seine Frau mehr verdient als er. Jetzt musste er seinen Job wieder aufnehmen, hatte aber erhebliche Schwierigkeiten, weil der einzige Kindergarten in seiner Umgebung schon mittags schließt. Deshalb möchten auch andere „Wiederkehrer" nur noch von acht bis zwölf arbeiten. Und was machen dann seine/ihre Kollegen im Büro, mit denen er/sie zusammenarbeitet? Gehen die ebenfalls um zwölf wie er/sie? Und unsere Kunden? Akzeptieren die, wenn wir mittags die Tore schließen und nur noch halb so viel Fachwissen parat haben?

Ich denke, dass es für die Karriere und den Erfolg von Frauen nicht förderlich ist, wenn sie bei der Familiengründung arbeitsrechtlich mehr und mehr Rechte bekommen. Eine junge Mutter/ein junger Vater kann drei Jahre zu Hause bleiben – so lange genießt sie/er Erziehungsurlaub und muss diese Entscheidung auch nur unzureichend mit dem Arbeitgeber, zum Beispiel mir, absprechen oder vereinbaren. Und da ich den Arbeitsplatz frei halten muss, sitzt die Mitarbeiterin/der Mitarbeiter, die/der sie/ihn vertritt, darauf schweißgebadet, weil sie/er ja nicht weiß, wie es mit ihr/ihm weitergeht, wenn die Mutter/der Vater wieder anfängt zu arbeiten. Sie/er hat keine Rechte. Für mich als Unternehmerin ist das nicht zu Ende gedacht. Man kann nicht den einen schützen, aber damit einen anderen erheblich belasten. Das macht die Personalplanung zum Glücksspiel.

Manchmal habe ich Angst vor meiner eigenen Courage und vor der Verantwortung, die ich seit 25 Jahren für andere trage. Mein Leben als Chefin unterteilt sich in drei Viertel Sorgen, wie ich alles am Laufen halten soll, und ein Viertel Spaß daran, wie großartig alles läuft. Dazu kommt mein schlechtes Gewissen, wenn ich zu lange im Unternehmen bin und Lara und Louisa trotz Haushälterin und Kinderfrau mit Recht auf mich warten. Oder wenn ich auf unserem Hof bin und mit ihnen die Pferde striegele, anstatt mich im Büro um wichtige Personalfragen zu kümmern.

Früher war ich geneigt, in meiner Prioritätenliste eher der Firma den Vortritt zu lassen, im Moment nehme ich mir aber wider jede kaufmännische Vernunft mehr Zeit für meine Töchter und reite hin und wieder sogar völlig eigennützig auf Turnieren – mich gibt es nämlich auch noch.

Natürlich schätzen und mögen mich meine Mitarbeiter, aber letzten Endes muss ich alle wichtigen Entscheidungen allein treffen und trage dafür auch allein das Risiko.

Ich bin aber niemand, der gern streitet. Nur wenn mich jemand angreift, streite ich, und zwar richtig, und dann auch hart, denn ich will gewinnen.

Männer haben allgemein ein viel größeres Darstellungsbedürfnis als Frauen. Wenn ich mit Männern im Gespräch zusammensitze, sage ich nichts, wenn jemand anders vor mir das Thema bereits angesprochen hat und ich dem nichts Neues hinzuzufügen habe. Männer haben keine Scheu, sich in Endlosschleifen zu wiederholen, Hauptsache, sie verschaffen sich überhaupt Gehör. Ich bin auch keineswegs beleidigt, wenn ich für eine offizielle Veranstaltung keine Einladung bekomme. Wenn sie mich interessiert, denke ich, die haben mich bloß vergessen, und gehe hin.

Genauso wenig brauche ich eine permanente Außendarstellung. Als wir im September 2007 die Einweihung unseres neuen Zentrallagers in Siek feierten, war ich natürlich am nächsten Tag auf dem Foto in der Zeitung zu sehen. Aber vorne stand der dafür verantwortliche Geschäftsführer, und das war gut so, denn er hat die eigentliche Arbeit gemacht. Nur wenn meine Mitarbeiter das Unternehmen WIEDEMANN als das ihre sehen, bekomme ich von ihnen die beste Leistung. Nur ein Unternehmen, das sich für seine Mitarbeiter einsetzt, kann erwarten, dass sich die Mitarbeiter für das Unternehmen einsetzen. Das ist meine Unternehmensphilosophie seit 25 Jahren, und sie hat sich bewährt.

Jutta Kleinschmidt, 46, Rallyefahrerin

„Mein Ziel ist es nicht, Macht zu besitzen, sondern mit einem Topauto zu fahren und zu gewinnen."

Im Jahr 2001 gewann Jutta Kleinschmidt als erste und bisher einzige Frau die Rallye Dakar, das berühmteste Geländerennen der Welt. 2002 wurde sie Zweite, 2005 Dritte.
Die Strecke ist rund 10.000 Kilometer lang, die Fahrt dauert etwa drei Wochen und die Teilnehmer sitzen bis zu vierzehn Stunden täglich hinter dem Steuer. Jutta Kleinschmidts Durchbruch in diese Männerwelt beobachteten viele Rallyefahrer mit Argwohn. Der Franzose Jean-Louis Schlesser, ihr Exfreund, fand sogar, sie hätte den Sieg bei der Dakar nicht verdient.

Zum Glück ist Jutta Kleinschmidt ein raues Klima gewöhnt. Sie wuchs im ländlich herben Berchtesgaden in Oberbayern auf, brauchte eine Sondergenehmigung, um die technische Knabenrealschule in Freilassing besuchen zu dürfen, legte danach ein technisches Fachabitur ab und studierte als eine von wenigen Frauen ab 1982 in Isny im Allgäu Physik.

Sie fand es schon als Kind absurd, dass Mädchen nicht das Gleiche können sollen wie Jungs, und bewies in ihrer späteren Karriere, dass es das auch ist – absurd.

Schon als Kind liebte Jutta Kleinschmidt alle schnellen Sportarten – Ski, Skibob oder Rodeln. Beim Skibob wurde sie Dritte in der Jugend-Weltmeisterschaft, beim Rennrodel gehörte sie zur Jugend-Nationalmannschaft. Die Angst, hinzufallen oder sich gar das Genick zu brechen, quälte sie nie. Wenn sie in einer Sportart alles ausprobiert hatte, wechselte sie in die nächste. Die richtig große Abenteuerlust packte Jutta Kleinschmidt aber erst 1985, als sie unbedingt an einer Wüstenrallye teilnehmen wollte. Ihre Familie nahm es gelassen.

Jutta Kleinschmidt wuchs mit drei Schwestern und ohne Vater auf. Die Rollenverteilung in ihrer Familie war deshalb nicht ganz so typisch nach dem Muster: Die Mädchen backen mit der Mutter Plätzchen und die Jungs spielen mit ihrem Vater Fußball. Ihr war dadurch schon sehr früh klar, dass sie genauso viel leisten kann wie die Jungs.

Ihre wirkliche Leidenschaft gehört dem Motorsport, besonders der Rallye Dakar* – dem berühmtesten Geländerennen der Welt. 1986 beschloss Jutta Kleinschmidt, gemeinsam mit ein paar Freunden für drei Tage mit dem Motorrad dorthin zu fahren, um sich die ganze Sache aus der Nähe anzuschauen. Leider kam sie nie dort an, denn schon bei der Anreise überschlug sie sich mit ihrem Motorrad, weil sie die Tücken des feinen Wüstensandes in Algerien unterschätzt hatte: „Meine Maschine war komplett im Eimer, wir suchten im Umkreis von hundert Metern nach den Einzelteilen. Bei mir war noch alles dran, aber ich hatte eine Gehirnerschütterung und flog zurück nach Deutschland. Mein Motorrad blieb erst einmal in Afrika."

Eigentlich klingt das nicht nach dem Beginn einer traumhaften Karriere, aber das Wüstenfieber hatte sie endgültig gepackt. Sie trainierte in Kiesgruben und auf Motocross-Strecken, wollte unbedingt bei dieser Rallye dabei sein. 1987 startete sie parallel dazu mit einer HPN-BMW und war damit „so ziemlich die einzige Zuschauerin, die die Rallye vor Ort verfolgte. Das war wirklich ein Abenteuer."

Ein halbes Jahr später fuhr sie die Pharaonen-Rallye in Ägypten mit – ihre allererste – und lernte dabei unter anderem, wie man das Roadbook liest. Im Roadbook ist der Streckenverlauf der Rallye genau beschrieben. Damals noch nicht in Englisch, sondern nur in Französisch, was sie nicht beherrschte. Deshalb konnte sie sich unter einer „dune cassée" nichts vorstellen, die im Roadbook allerdings mit drei Ausrufezeichen gekennzeichnet war. Zwar ahnte sie, dass es sich dabei um eine ganz besondere Art Düne handeln müsse, aber sie war auf dieser Rallye bereits über so viele Dünen gefahren und hatte sie bisher alle völlig ungefährlich gefunden ... bis sie mit ihrem Motorrad diese „dune cassée" nach oben bretterte und erst auf dem Kamm sah, dass es sich um eine sogenannte „abgeschnittene Düne" handelte: Diese sind bis zum Kamm schön rund, stürzen dann allerdings völlig unvermittelt senkrecht in die Tiefe. Jutta Kleinschmidt flog im hohen Bogen in ein Rudel von Fotografen, die hinter der Düne auf ein tolles Foto hofften. Als die Rennfahrerin dann durchaus spektakulär am himmelblauen Horizont auftauchte, rannten sie allerdings um ihr Leben. Nur einem Fotografen, der zwanzig

Meter weiter hinter den anderen gestanden hatte, gelang eine der großartigsten Aufnahmen in Jutta Kleinschmidts Rennfahrerkarriere, die kurz darauf als Doppelseite in einem Motorradmagazin erschien.

Die Pharaonen-Rallye war trotzdem kein Erfolg für Jutta Kleinschmidt, weil ihr kurz vor dem Ziel und mit einem guten 23. Platz in der Gesamtwertung der Motor kaputtging. Ihre Teilnahme war damit beendet.

Zur Rallye Dakar wollte sie trotzdem, hatte aber nur wenig Geld und damit keine Werkstatt, die ihr das Motorrad auf Vordermann bringen konnte. Also baute sie es in ihrem Gästezimmer selbst zusammen und dann ein paar Teile wieder ab, weil die Maschine in einem Stück nicht in den Aufzug passte.

Eine Wüstenrallye ist schon im Auto extrem hart. Mit dem Motorrad ist sie eine noch größere Strapaze. Bei ihrem ersten Versuch schaffte es Jutta Kleinschmidt nicht, die Rallye Dakar bis zu Ende zu fahren; erst 1992, drei Jahre später, erfüllte sich ihr Traum, bei dieser Rallye im Ziel anzukommen, obwohl sie die letzten fünf Tage mit einem gebrochenen Fuß fuhr.

Der Grundstein für ihre sportliche Karriere war damit gelegt, woraufhin sie ihren sicheren und erfolgreichen Job als Ingenieurin in der Fahrzeugentwicklungsabteilung bei BMW in München kündigte: „Alle waren entsetzt, nur meine Mutter nahm es wie immer gelassen. Diesmal sogar, dass ich mein festes Gehalt und meine hervorragenden Aufstiegschancen bei BMW gegen eine ungewisse Zukunft als Rallyefahrerin eintauschte."

Jutta Kleinschmidt war nun Motorsport-Profi mit null Komma nichts auf der hohen Kante und ohne einen einzigen Sponsor. Sie tröstete sich damit, dass in Deutschland noch keiner verhungert ist. „Das Schlimmste, was mir passieren konnte, war, dass ich meine Miete nicht mehr bezahlen kann und rausmuss aus der Wohnung."

Sie jobbte bei einem Partyservice, gab Fahrkurse, fuhr weitere Rallyes, doch nachdem sie auf dem Motorrad alles erreicht hatte, suchte sie nach neuen Herausforderungen. 1994 fuhr sie deshalb in Tunesien zum ersten Mal einen „Schlesserbuggy", gebaut vom Team des Rennfahrers Jean-Louis Schlesser**. Schlesser und sie waren inzwischen ein Paar, sie folgte ihm nach Monaco und die beiden bezogen dort eine gemeinsame Wohnung.

Zum Jahresende verließ sie das Schlesser-Team, um in Dubai mit einem Mitsubishi zu starten. Den fuhr sie im Januar 1995 erneut bei der Rallye Dakar.

Anschließend ging sie zurück ins Team von Jean-Louis Schlesser, jedoch nur noch für kurze Zeit:

> „Ich habe viel von ihm gelernt, aber dann war es doch so, dass ich neben ihm, dem berühmten Rennfahrer, in der zweiten Liga spielen sollte. Er akzeptierte mich durchaus als eine Art „assistant". Ein bisschen helfen durfte ich ihm schon, aber irgendwann war das nicht mehr gut für mich, denn ich wollte viel mehr."

Das wusste er und versuchte trotzdem, ihre Karriere klein zu halten. Mit jedem ihrer Erfolge wurde es schwieriger zwischen den beiden, bis Jutta Kleinschmidt ihn und das Team schließlich endgültig verließ. Beim Abschied prophezeite er ihr, dass sie niemals Erfolg haben würde.

Kurz darauf, es war im Januar 1999, führte sie das Gesamtergebnis bei der Rallye Dakar an und landete am Ende als erste Frau auf dem Podest. Anfang 2001 war sie die erste und bisher einzige Frau, die die gesamte Rallye Dakar, eine der härtesten Rallye-Raid-Veranstaltungen (Langstreckenrallye im offenen Gelände) der Welt, gewann. Schlesser sagte danach, sie habe den Sieg nicht verdient, es stehe ihr überhaupt nicht zu, auf dem Podest zu stehen.

„All diese Rallyes, Autos, Motorräder sind immer noch eine Männerdomäne, und da spielen sich vor allem Machtkämpfe ab. Mein Ziel ist es aber nicht, Macht zu besitzen, sondern mit einem Topauto zu fahren und zu gewinnen."

Mit den Machtspielen der anderen muss sie trotzdem ständig rechnen, denn es fällt den Männern schwer, eine Frau in ihren Reihen zu akzeptieren, vor allem eine wie Jutta Kleinschmidt, die sich permanent einmischt.

Sie erlebt Fahrerkollegen im eigenen Team, die ein massives Problem damit haben, mit ihr im gleichen Auto zu sitzen, weil sie dann nicht mehr sagen können, es läge nur am besseren Auto, dass sie gewinnt.

Und solche Machtspiele finden selbstverständlich auch auf der Führungsebene statt. Als Jutta Kleinschmidt im Mai 2002 einen Dreijahresvertrag mit Volkswagen unterzeichnet, erlebt sie mit Rudolf-Helmut Strozyk einen großartigen Sportchef und mit Fabrizia Pons eine ideale Beifahrerin. Im Januar 2003 feiern die beiden ihren ersten gemeinsamen Erfolg: Sie beenden die Rallye Dakar im Volkswagen Tarek auf Platz zwei der Klasse für zweiradangetriebene Fahrzeuge und auf Gesamtrang acht: ein richtig guter Start!

Bei der Rallye Dakar 2005 schaffen sie es auf den dritten Platz, und Jutta Kleinschmidt steht damit bereits zum vierten Mal in Dakar auf dem Podest. Für Volkswagen hingegen ist es ein historisches Ergebnis, denn zum ersten Mal in der 27-jährigen Geschichte der Rallye erreicht ein Auto mit Dieselantrieb einen Podiumsplatz.

Trotzdem ist ihr Vertrag mit VW nach der Rallye Dakar 2006 durch den neuen Motorsportdirektor beendet:

„Ich bin überhaupt keine Strategin, und was VW betrifft, war das sicher ein Nachteil. Anstatt den Männern einmal am Tag zu versichern, wie toll und großartig sie sind, sagte ich meine Meinung geradeheraus, wenn nicht alles so funktionierte, wie ich mir das vorstellte. Männer müssen aber schon untereinander ständig den Platzhirsch spielen, da lassen sie sich nur ungern von einer Frau die Richtung angeben. Um bei denen etwas durchzusetzen und zu erreichen, hätte ich noch diplomatischer und charmanter sein müssen. Doch da trenne ich mich lieber, ehe ich mir selber untreu werde und mich verbiege."

Viele ihrer Rennfahrerkollegen haben genau aus diesem Grund einen enormen Respekt vor dieser starken Frau, die gleichzeitig eine Art Bedrohung für sie ist.

Den Schlüssel für ihren Erfolg sieht Jutta Kleinschmidt noch immer in der Leidenschaft für das, was sie tut, und ist sich außerdem sicher, dass die in jedem von uns brodelt: „Die meisten wissen das nur nicht oder verdrängen es, weil sie Angst davor haben, etwas zu wagen und dann zu scheitern."

Das Verzagte fängt für Jutta Kleinschmidt schon in der Kindheit an, wenn Eltern die Interessen ihrer Kinder unterdrücken, weil sie andere Vorstellungen von deren Karriere haben. Sie kennt da zum Beispiel einen Jungen, der wahnsinnig gern die Wäsche der ganzen Familie wäscht, sie vorbildlich erst in Weiß und Bunt, in Wolle, Feinwäsche, Kochwäsche sortiert, bevor er sie in die Maschine steckt. Danach schlägt er sie aus, hängt sie auf die Leine und räumt sie in den Schrank, wenn sie trocken ist.

Jutta Kleinschmidt könnte sich durchaus vorstellen, dass er irgendwann eine weltweite Kette von Waschsalons eröffnet – wenn man ihn lassen würde. Doch leider findet sein Vater es ein bisschen doof, dass sich sein Sohn für das Wäschewaschen interessiert, und bremst ihn aus.

Sie selbst würde das nicht nur zulassen, sondern regelrecht fördern, denn manchmal beschleicht sie das Gefühl, dass dieser ganze Reichtum, der uns umgibt, die Fantasie der Kinder erstickt: Weil sie schon so viel haben, denken sie nicht mehr über ihre eigenen Ziele nach und darüber, wie sie diese verwirklichen können.

Jutta Kleinschmidt kann beispielsweise in Monaco, wo sie lebt, jeden Tag beobachten, wie junge Frauen, alle sehr hübsch und Anfang zwanzig, stundenlang in den Restaurants herumsitzen, weil sie hoffen, so ihren Traumprinzen zu finden, der, am besten auch Anfang bis Mitte zwanzig, ein paar Millionen auf dem Konto hat und sie auf Händen durchs Leben trägt. Und was finden sie dann? Einen Frosch, dazu meist über sechzig. Und warum tun sie das?

„Weil ihnen die Medien jeden Tag aufs Neue einbläuen, wie sie zu sein haben: jung, hübsch, nett, dünn. Dafür lassen sie sich bereits mit sechzehn das Fett absaugen und Silikon in die Lippen spritzen. Für 90 Prozent von ihnen ist Paris Hilton ein Vorbild, weil die sexy ist und außerdem einen Haufen Knete hat. Nach der Wirklichkeit fragt niemand. Wie soll bei solchen Vorbildern was Gescheites aus ihnen werden?

Jutta Kleinschmidt bemerkt immer wieder, wie bei den Männern die Taffen, die Kerle, die Sieger von der Presse gepusht werden und die Jungs sich da ihre Vorbilder suchen können.

„Die Taffen, die Siegerinnen, die Tüchtigen unter den Frauen kommen nur auf die Seite eins, wenn sie auch Macht besitzen, denn dann kann man sie nicht mehr übersehen."

Was die motorsportliche Zukunft für Jutta Kleinschmidt bringt, ist komplett offen, aber eine neue Herausforderung kommt be-

stimmt. Anfang 2008 liefen in Tunesien erst einmal die Dreharbeiten für den amerikanischen Kinofilm „Nine Miles Down"
von Regisseur Anthony Waller, an denen sie beteiligt war. Der
Wüste, dem Sand und den Dünen bleibt sie auf alle Fälle auch
weiterhin treu.

---

* Die Rallye Dakar (früher Rallye Paris-Dakar) ist ein Offroad-Motorsportrennen, das seit
Ende der 1970er-Jahre einmal jährlich hauptsächlich auf dem afrikanischen Kontinent
ausgetragen wird. Sie gilt als die berühmteste Wüstenrallye der Welt.
Die erste Rallye Dakar starte am 26. Dezember 1978 in Paris und endete am 14. Januar
1979 in Dakar. Rallyegründer war der Franzose Thierry Sabine, der während der „Dakar"
1986 bei einem Helikopterunfall ums Leben kam. Danach übernahm sein Vater die Rallye
für einige Jahre, verkaufte sie aber anschließend an die französische Amaury Sport Organisation (ASO), die die Rallye bis heute durchführt. Die ASO veranstaltet auch die Tour de
France des Radsports.
** Der französische Autorennfahrer Jean-Louis Schlesser gewann 1999 und 2000 die Rallye
Dakar.

Beate Scheufele, 58, Agenturchefin

„Männer bilden gern Allianzen, um Gewinn zu machen. Frauen denken dabei vor allem an Zusammenhalt und Teamgeist."

Die Karriere der Agenturchefin Beate Scheufele beginnt, als sie sich in Frankfurt am Main zwei Zimmer in einem kalten Bunker mit meterdicken Wänden mietet, um als freie Grafikerin zu arbeiten.
Mit einem damals noch schmalen Bewerbungsmäppchen macht sie sich auf die Suche nach neuen Kunden und ackert sich innerhalb weniger Jahren von einer Einzelkämpferin zur Chefin der Scheufele Kommunikationsagentur mit 21 festen und etlichen freien Mitarbeitern nach oben. Die Agentur ist heute neben klassischer Werbung auf die Entwicklung und Umsetzung anspruchsvoller Corporate-Identity, Corporate-Design und Unternehmenskommunikationslösungen spezialisiert. Zu den Kunden gehören unter anderem die

Heidelberger Druckmaschinen AG, die Gesellschaft für Kommunikation (GfK), Nestlé, Esri und die Firma Ohropax.

Der Werbeslogan der Scheufele Kommunikationsagentur heißt „Menschen gewinnen" und ist der Extrakt dessen, was die Agenturchefin als ihre vorderste Aufgabe ansieht. Als Mitarbeiter braucht sie deshalb vor allem richtige „Scheufeles", wie es im internen Kreis heißt, also Teamplayer mit sozialer Kompetenz und großer Leidenschaft für die Arbeit.

Das ist sicher der wichtigste Grund dafür, dass die „Scheufeles" in Frankfurt, einer der größten Agenturstädte Deutschlands, seit sechzehn Jahren bestehen und immer besser werden. Sie sind gute Dienstleister; alles dreht sich bei ihnen um den Kunden.

Meine Kindheit war behütet, meine Eltern waren außerordentlich liebevoll und sehr religiös. Die beiden gaben mir mit auf den Weg, dass das Leben nicht leicht und spielerisch, sondern eine schwere Aufgabe ist. „Du bist verpflichtet, ein guter Mensch zu sein, etwas zu leisten und Werte wie Fleiß, Ehrlichkeit und Sparsamkeit hochzuhalten", sagte mein Vater und lehrte mich, nicht gierig, sondern eher bescheiden zu sein.

Dafür bin ich ihm dankbar, aber trotzdem war mir unser Zuhause zu eng, unser familiärer Umgang zu gütig. Ich spürte einfach, dass da was fehlt. Dieses „Liebsein" war nämlich auch ein Zwang. Streit war tabu, Aggressionen durften wir nie ausleben.

Ich wollte da so schnell wie möglich heraus, völlig anders leben. 1970, gleich nach dem Abitur, ging ich deshalb nach Frankfurt am Main, wo mein Bruder bereits Medizin studierte und die 68-er das politische und gesellschaftliche Klima bestimmten. Ich zog mit ihm und einem Freund in eine WG und begann die Philosophie dieser Bewegung in mich hineinzufressen.

Auf einmal war das Leben um mich herum bunt und groß und weit und meine Farben veränderten sich. Bevor es Punk überhaupt gab, gelte ich meine Haare nach oben, trug zerrissene Klamotten und war nicht mehr das brave Mädchen.

Ich interessierte mich in Frankfurt auch für eine autonome Frauengruppe, aber den Hass auf Männer, den sie kultivierten, konnte ich nicht nachvollziehen. Ich mochte Männer immer und hatte nie das Gefühl, dass sie mich unterdrücken und ich mich gegen sie wehren muss.

Ich hatte nie Angst davor, zu scheitern, sondern war voller Ehrgeiz, voller Pläne. Dieser Leistungsdruck – oder Leistungswille – kam aus meiner Familie. Mein Vater hatte sich in einer Bank vom Kassierer zum Direktor hochgearbeitet, und seine Kinder sollten es ihm nachmachen, aus denen sollte auch was werden.

Ich studierte anfangs Psychologie, Kunstgeschichte und Grafikdesign, bis ich merkte, dass ich nicht zur Psychologin tauge. Dazu war ich zu empfindsam, hätte mich vom persönlichen Leid meiner Patienten nie genug distanzieren können.

Ich wollte dann auch nicht mehr in die Werbung gehen, sondern lieber Malerin werden und begann an der Kunstschule Westend zu studieren. Meine Bilder waren expressionistisch, von den Themen her gar nicht frauentypisch. Genau aus diesem Grund begann die Frankfurter Kunstszene sich für mich zu interessieren.

Die meisten Frauen malten damals eher kunsthandwerklich, mit so einem weiblichen, fast liebevollen Blick. Meine Zeichnungen dagegen waren mit denen von Käthe Kollwitz und Alfred Kubin zu vergleichen. Ich benutzte überhaupt keine Farben, sondern zeichnete nur in Schwarz. Ich las dabei Gedichte und hörte Musik, am liebsten Berlioz und Ravel. Dabei geriet ich in so eine Art Flow-Zustand und konnte mich in meine inneren Bilder fallen lassen. Meist waren das Allegorien – Türme voller blinder Männer oder Katzen, die bedrohlich wirkten. Ich zeichnete auch oft Gesichter, um darin den seelischen Zustand eines Menschen, seine Zerrissenheit und seine Verzweiflung, deutlich zu machen.

Bei uns daheim wurde nur das Gute gelebt; ich wollte endlich zeigen, dass es auch das Gegenteil gibt. Nicht nur ich, meine ganze Generation wollte aus der Spießerwelt der Eltern ausbrechen und endlich andere Sachen thematisieren und miteinander diskutieren.

1973 kam Wulf Göbel, ein Journalist vom „Club Voltaire", einem links-intellektuellem Szenelokal, zu mir, weil die meine Bilder ausstellen wollten. Als Erstes fragte er mich: „Warum malst du solche Bilder?" Ich antwortete: „Weil sie aus mir herausmüssen." Daraufhin er: „Wo siehst du den politischen Hintergrund?" Ich hatte keinen! Das war einfach ich.

Später ging ich in eine kleine Werbeagentur, um dort mein Geld zu verdienen. Doch die Forderung an mich, jeden Morgen pünktlich anzutreten und genau das zu machen, was der Chef der Agentur von mir erwartete, war zu ungewohnt für mich. Ich suchte mir eine andere Agentur und erlebte dort das Gleiche. Außerdem war der Chef hinter mir her wie der Teufel hinter der Seele. Da beschloss ich, ein eigenes Büro zu eröffnen, obwohl ich noch keine große Berufserfahrung besaß.

Gemeinsam mit Lothar, einem Reinzeichner und Fotografen, mietete ich in einem kalten Bunker zwei Zimmer und begann frei zu arbeiten.

Aber Lothar war kein Kämpfer, er wollte nicht weiterkommen, sondern nur Aufträge abarbeiten. Mir war das zu wenig. Deshalb begab ich mich allein und mit meinem schmalen Bewerbungsmäppchen in der Hand auf die Suche nach neuen Kunden. Mich interessierten vor allem Agenturen, die mir freie Aufträge geben konnten.

Schließlich landete ich bei einer, die die Sportkommunikation für Runners Point machte (RUNNERS POINT ist Spezialist für Running-, Walking-, Lauf- und Sportschuhe sowie Sportbekleidung) und mir ein paar erste Aufträge übertrug. Von dem Honorar kaufte ich mir zwei Holzböcke mit einer großen Arbeitsplatte und verdiente von da an regelmäßig mein eigenes Geld. Erst wenig, dann ein bisschen mehr.

Durch eine andere Agentur bekam ich die Firma Rothschild als Kunden, die klassische Damenoberbekleidung herstellt und für die ich vom Label bis zum Prospekt eine neue Gesamtpräsentation erarbeitete. Zwischendurch akquirierte ich weiter und konnte mein Büro immer perfekter ausstatten.

Irgendwann gab es so viel Arbeit, dass ich erst einen, dann vier freie Mitarbeiter beschäftigte. Dann bot mir meine ehemalige Kunsthochschule an, bei ihnen zu unterrichten. Ich bekam dort sogar ein eigenes Atelier. In dieser Zeit wurde auch Schiesser mein Kunde. (Die Firma Schiesser ist der führende deutsche Hersteller von Unterwäsche.)

Damit begann für mich eine neue Zeit, denn die Kunden wollten von mir nicht nur Grafiken, sondern häufig komplette Werbekampagnen. Durch Schiesser arbeiteten plötzlich 20 Leute in meiner Agentur. Ich war herausgewachsen aus dem puren grafischen Gestalten, brauchte nun Sekretärinnen, Buchhalter, Texter, Fotografen und Computerspezialisten. Schließlich gab uns die Gesellschaft für Technische Zusammenarbeit (GTZ) den Auftrag, ihr gesamtes neues Corporate Design* zu machen. Der Auftrag der GTZ lief über zweieinhalb Jahre, danach entwickelten wir das Corporate Design für die Gesellschaft für Konsumforschung, mit der wir nun seit neun Jahren zusammenarbeiten.

Ich hatte als Einzelkämpferin begonnen und mich innerhalb von acht Jahren zur Chefin einer Agentur mit 30 festen Mitarbeitern und vielen Freien hochgeackert. Das tat ich mit Leidenschaft und dem festen Willen, jeden Tag dazuzulernen, denn ich musste ja inzwischen auch beurteilen können, ob ein Texter wirklich gut ist oder auch mein Steuerberater. Ich freute mich auf jeden Tag in der Agentur, es war die pure Lust auf diesen Job. Natürlich machte es auch Spaß, richtig Geld zu verdienen.

Lange Zeit brachte ich weiterhin meine kreativen Ideen mit ein, aber irgendwann war der Laden zu groß und ich musste mich vor allem um die Akquise kümmern, um die Gehälter meiner Mitarbeiter pünktlich zahlen zu können. Der Druck war manchmal so groß, dass ich schlaflose Nächte verbrachte.

Und dann kam 2001 der Absturz. Die Börse krachte in den Keller und wir machten von heute auf morgen nur noch 50 Prozent des Umsatzes. Ein Teil der Unternehmen, von denen wir bis dahin unsere Aufträge bekommen hatten, brach einfach weg. Von nun an ging es erst einmal bergab.

Ich war gezwungen, Leute zu entlassen, damit nicht die ganze Agentur untergeht. Zum Glück bin ich daran nicht zerbrochen, sondern gewachsen, stärker geworden. Natürlich fühlte ich mich in dieser schwierigen Situation schwach, wusste aber, dass ich da durchmuss, keine andere Chance habe. Aufzugeben hätte ja bedeutet, noch mehr Leute zu entlassen.

Die Agentur überstand die Krise und bekam eine neue Chance, denn viele Spitzenleute aus großen, renommierten Häusern suchten nach neuen Jobs in kleineren, kreativen Unternehmen wie dem meinen. Deshalb stehen wir heute so gut da.

Das Wichtigste war für mich immer, dass in unserer Agentur eine herzliche Atmosphäre herrscht und die Leute respektvoll miteinander umgehen. Natürlich muss ich wichtige Entscheidungen treffen, aber ich wollte das immer mit einer natürlichen Autorität schaffen. Mein Wunsch war es, als Chef respektiert, nicht gefürchtet zu werden, und ich denke, das habe ich geschafft.

Ich kann auch sehr gut damit leben, wenn mich meine Mitarbeiter in bestimmten Bereichen überflügeln, denn unsere Aufgaben sind mittlerweile so komplex, dass die keiner mehr allein beherrschen kann. Und wenn wir Preise gewinnen, will ich, dass meine Leute auf der Bühne stehen und sie entgegennehmen. Alles andere käme mir schäbig vor.

So manche Talfahrt hätten wir gar nicht überstanden, wenn meine Mitarbeiter nicht so fest zu mir gehalten hätten. Die wussten einfach, wie wichtig sie mir sind.

Das Geld, das wir durch unsere Aufträge verdienten, steckte ich vor allem in die Agentur. Wenn neue, größere Aufträge und damit neue Mitarbeiter dazukamen, brauchten wir neue Räume, neue Schreibtische, neue Computer.

Natürlich kann ich durch meinen Job gut leben, aber das hat nichts mit persönlich angehäuftem Reichtum zu tun. Meine Urlaube in den letzten sechzehn Jahren kann ich zählen, denn ich könnte niemals vier Wochen am Strand liegen und die anderen machen lassen. Dafür fühle ich mich zu sehr verantwortlich.

Der Claim (Werbeslogan) für unsere Agentur heißt „Menschen gewinnen". Das ist der Extrakt dessen, was wir als unsere Aufgabe ansehen.

Mir war immer wichtig, Menschen zu finden, die in meine Agentur passen. Also keine arroganten Agenturschnösel, sondern einen „Scheufele", wie es in unserer Agentur heißt. Ein Teamplayer mit sozialer Kompetenz und Leidenschaft für die Arbeit. Ich brauche Leute, die unternehmerisch denken und nicht wie Angestellte, die darauf warten, dass das andere für sie übernehmen.

Inwieweit mein Frausein den Erfolg der Agentur – ob nun zum Guten oder zum Schlechten – beeinflusste, habe ich nie hinterfragt. Ich weiß auch nicht, ob ich die Chefin einer ganz großen Agentur werden wollte, denn das ist immer noch eine Männerwelt. In diesen Agenturen geht es um viel Geld und knallharte

Verhandlungen, was mir eindeutig nicht liegt. Wenn ein Grafiker für ein neues Design nur drei Entwürfe machen darf, um rentabel zu bleiben, verdirbt mir das die Freude an der Arbeit. In unserer Agentur wird so lange nachgedacht und ausprobiert, bis wir die beste Lösung gefunden haben. Zeitvorgaben sind viel zu einengend für Kreative. Das ist sicher der Grund dafür, dass wir in Frankfurt, einer der größten Agenturstädte Deutschlands, seit sechzehn Jahren bestehen und mit jedem Jahr besser werden. Wir lieben unsere Kunden, sie stehen bei uns im Mittelpunkt, alles dreht sich um sie.

Heute wird gern betont, dass die Frauen die Starken in unserer Gesellschaft sind, weil sie besondere Qualitäten haben, die sie von Männern unterscheiden. Im Berufsleben sind Frauen oft integrierender als Männer, die meist ihre eigenen Interessen vertreten und vorantreiben wollen. Männer bilden gern Allianzen, um Gewinn zu machen. Frauen denken dabei vor allem an Zusammenhalt und Teamgeist.

Ich habe nie versucht, über Verbände, Vereinigungen oder Clubs meine Karriere voranzutreiben. Am Anfang war ich im Verband der Unternehmerinnen, aber da fanden fast nur Kaffeekränzchen mit älteren Damen statt, die eigentlich schon aufgehört hatten zu arbeiten. Auch andere Frauennetzwerke interessierten mich nicht wirklich. Ich bin kein Partymensch und mag keinen Smalltalk. Der ist für mich vergeudete Zeit, eine halbe Lebenslüge, denn während du mit den Leuten redest, sind sie mit ihren Blicken schon auf der Suche nach jemandem, mit dem sie vielleicht etwas entschieden Wichtigeres ankurbeln könnten.

Bei mir arbeiten viele Frauen, aber nur, weil es in Agenturen viele Frauenberufe gibt. Ich suche nicht extra nach ihnen, weil sie die besseren Menschen sind. Fest steht allerdings, dass Männer ihre Aufgaben am liebsten nacheinander erledigen und Frauen das nebeneinander können. Vor allem Frauen mit Kindern sind perfekt organisiert, weil sie so viele Dinge unter einen Hut bringen müssen. Sie setzen Prioritäten, können zwischen Wichtig und Unwichtig unterscheiden und haben am Abend, wenn sie nach Hause gehen, ihre Arbeit erledigt.

Der Grund, warum sie trotz dieser herausragenden Qualitäten nicht an der Spitze von Unternehmen stehen, hat mit ihrem fehlenden Machthunger zu tun. Selbst ich, die die Macht hätte, zu entscheiden, dass ab morgen in der Agentur alles ganz anders läuft, weil sie mir ja gehört, nutze diese Macht nicht. Ich weiß allerdings nicht, wie ich mit meiner Macht umgehen würde, wenn ich sie mit anderen teilen müsste.

Auf dem „Stern" vom 11. Oktober 2007 waren Jürgen Schrempp, Klaus Kleinfeld, Utz Claassen und Harry Roels zu sehen. Die Titelzeile lautete: „Die maßlosen Manager. Millionengehälter und Luxusrenten – die Kluft zwischen oben und unten wird immer größer". Diese vier Herren haben gründlich abgestaubt, und ich bin überzeugt, dass das Frauen so nicht machen würden. Frauen sind oft sozialer als Männer, wollen, dass es allen im Unternehmen gut geht. Leider gibt es noch zu viele begabte Frauen, die ihre eigene Karriere zugunsten der Karriere ihres Mannes aufgeben. Nicht nur aus Opferbereitschaft, sondern auch, weil sie wissen, wie anstrengend es ist, Karriere zu machen, Erfolg zu haben. Dafür muss man hart arbeiten, sich durchsetzen, kämpfen, und viele sind dafür bereit, andere wegzutreten. Mit Würde hat das nichts zu tun.

Als die Agentur nach dem großen Börsencrash in der Krise steckte, riet mir ein guter Freund, zu Rudi Anders, einem berühmten Coach in der Schweiz, zu fahren. Er war überzeugt, dass mir der Mann helfen könnte. Weil ich schnell handeln musste, folgte ich seinem Rat, denn ich wusste zwar, wo ich hinmusste mit der Agentur, aber ich kannte den Weg dorthin nicht.

Eine Beratung bei Rudi Anders kostet pro Tag 4000 Euro, was nicht nur in Krisenzeiten ein Haufen Geld ist. Rudi Anders sagte mir aber zu Beginn unseres Treffens, dass ich ihm nichts zahlen müsse, wenn ich am Abend das Gefühl hätte, die Beratung sei nutzlos für mich gewesen.

Wir ackerten zwölf Stunden lang alle Probleme der Agentur durch, danach empfahl er mir, heim nach Frankfurt zu fahren und unsere neue Strategie umzusetzen. Genau das tat ich und habe damit das Unternehmen mit Sicherheit gerettet. Vier Wochen später fuhr ich noch einmal zu ihm in die Schweiz und setzte anschließend den nächsten Schwung an Maßnahmen durch. Rudi Anders sagte mir damals, dass er noch nie jemanden erlebt habe, der in zwölf Stunden so viel lernen wollte wie ich.

Niederlagen und Ablehnungen haben mich nie kaltgelassen, sondern manchmal extrem belastet. Mein ganzes Leben lang war ich mit jeder Faser meines Herzens glücklich oder unglücklich. Wenn ich eine Kränkung, einen Verlust, eine Niederlage erlebe, brauche ich ein paar Tage, bis ich das verdaut habe und wieder nach vorn schauen kann. Ich versuche das zu lernen, aber es geht mir trotzdem immer noch durch meinen Magen, meinen Bauch, mein Herz.

Professionell und richtig finde ich, wenn man bei Niederlagen nicht beleidigt ist, dem Anderen keine Schuld zuweist oder ihm Vorwürfe macht, sondern ihm sogar noch Glück wünscht, – auch wenn es schwer fällt. Das hinterlässt auf jeden Fall einen souveränen Eindruck.

Männer können das ziemlich gut. Die sehen eine Niederlage wie ein Spiel: Okay, das hast du jetzt 1:0 verloren, aber nach dem Spiel ist vor dem Spiel, also auf zum nächsten. Das könnte man eins zu eins von ihnen übernehmen.

---

* Corporate Design bezeichnet einen Teilbereich der Corporate Identity und beinhaltet das gesamte visuelle Erscheinungsbild eines Unternehmens oder einer Organisation. Dazu gehören sowohl die Gestaltung der Kommunikationsmittel (Firmenzeichen, Geschäftspapiere, Werbemittel, Verpackungen und andere) als auch das Produktdesign. Auch die Architektur wird bei einem durchdachten Corporate Design mit einbezogen.

Dr. Ursula von der Leyen, 49, Bundesministerin für Familie, Senioren, Frauen und Jugend

Ein Interview

„Das wollen wir doch mal sehen!"

Für viele ist sie die Superfrau: Ursula von der Leyen, 49, Mutter von sieben Kindern und seit November 2005 Bundesministerin für Familie, Senioren, Frauen und Jugend.

Nach dem brillanten Abitur auf einem mathematisch-naturwissenschaftlichen Gymnasium in Lehrte studierte sie Volkswirtschaft in Göttingen und Münster. Danach absolvierte sie ein Medizinstudium, das sie mit der Promotion abschloss. Anschließend arbeitete sie mehrere Jahre in der Frauenheilkunde und war von 1998 bis 2002 wissenschaftliche Mitarbeiterin in der Abteilung für Epidemiologie, Sozialmedizin und Gesundheitssystemforschung an der Medizinischen Hochschule Hannover. 2001 erwarb sie dort den akademischen Grad eines Master of Public Health.

1990 trat die Tochter des früheren niedersächsischen Ministerpräsidenten Ernst Albrecht in die CDU ein und machte innerhalb weniger Jahre eine steile politische Karriere. Im März 2003 wurde sie in den niedersächsischen Landtag gewählt und gleich zur Ministerin für Soziales, Frauen, Familie und Gesundheit ernannt. Seit 2004 gehört sie zum Präsidium der CDU Deutschland.

Wann wussten Sie, dass Sie Karriere machen wollen?

Ich habe meine Karriere nie bewusst geplant. Ich weiß, dass die meisten Experten sagen, man sollte es gleich zu Beginn des Studiums oder der Ausbildung tun oder wenn man ins Berufsleben einsteigt. Aber mein Leben ist eben anders verlaufen.

Erfolg hat sich für mich immer darüber definiert, ob ich glücklich und zufrieden bin mit dem, was ich mache. Also ob ich das Gefühl habe, mein Einsatz lohnt sich. Das habe ich wegen meiner Kinder immer sehr schnell abgewogen und entschieden, denn die Zeit im Beruf ist die Zeit, die ich nicht mit ihnen verbringe. Unbefriedigende berufliche Situationen, wenn ich das Gefühl hatte, meine Lebenszeit zu vergeuden oder in eine Sackgasse zu geraten, habe ich konsequent beendet. Im Rückblick waren das immer richtige Entscheidungen. Diese Wechsel waren eigentlich das, was man zum Schluss Karriere nennen kann. Jedenfalls haben sie diese befördert.

Haben Sie die Entscheidungen, was Ihren Beruf und Ihre Karriere betrifft, allein getroffen?

Nein, mein persönliches Umfeld war und ist enorm wichtig. Das ist in allererster Linie der Partner, in meinem Fall mein Mann. Gerade wenn man gemeinsame Kinder hat, trifft man Entscheidungen nicht einsam und allein. Für meinen Mann und mich, die wir jeder auf eigene Art Karriere gemacht haben, ist der Rückhalt beim Anderen bis heute stets sehr wichtig gewesen. Ich glaube, für die Karriere meines Mannes war entscheidend, dass ich mitgezogen habe, und umgekehrt, dass er ganz stark in die Rolle des aktiven Vaters hineingewachsen ist. Er setzt wie ich alles daran, Beruf und Familie zu vereinbaren.

Das weitere Umfeld war für meine Karriere zum Teil fördernd, aber ich habe auch Kritik, Ablehnung und Kränkung erfahren. Aber das hat mir letztendlich auch geholfen. Denn diese Kritik führte dazu, dass ich mir sagte: Na wartet! Das wollen wir doch mal sehen!

Wann war bei Ihnen der Zeitpunkt erreicht, dass Sie dranbleiben, weitermachen wollten, egal wie schwierig die Umstände für Sie waren?

Als ich mich das erste Mal um ein politisches Amt bewarb und als Landtagsabgeordnete kandidieren wollte. Damals war ziemlich vorhersehbar, dass wir in der Opposition landen. Als ich mich in der Partei vorgestellt hatte, gab es kaum Fragen zu meiner Qualifikation, sondern nur die, wie ich das alles schaffen wolle mit sieben Kindern. Eine Frage, die männlichen Kandidaten nie gestellt wird. Ich bekam sogar den Ratschlag, besser noch fünf Jahre zu warten und erst bei der nächsten Wahl anzutreten. Und an diesem Punkt habe ich gesagt: Nein, ich trete

jetzt an und werde mich ganz sicher nicht für die nächsten fünf
Jahre aufs Nebengleis oder in die Warteschleife schieben lassen.
Das ist so ein Punkt in meiner Karriere gewesen, an dem mir absolut klar war: Das ziehe ich jetzt durch! Entweder ich scheitere
oder ich gewinne. Glücklicherweise hat es geklappt.

**Viele Frauen in diesem Buch halten es für nicht karriereförder-
lich, nach der Geburt eines Kindes für eine gewisse Zeit aus dem
Beruf auszusteigen. Teilen Sie diese Ansicht?**

Wenn man bereits in einer Führungsposition ist, kann das sicher sehr problematisch sein. Ich selbst war nicht so gut organisiert, habe mir darüber keine Gedanken gemacht, als die
ersten Kinder geboren wurden. Aber dann habe ich erlebt, dass
mit Geburt der Kinder selbstredend in meiner Umgebung ange-
nommen wurde, dass ich als Stationsärztin arbeite, aber in der
Forschung nicht mehr ernst zu nehmen bin und somit automatisch aufs Nebengleis gehöre. In dieser Situation ist man an einer
Universitätsklinik quasi ein Auslaufmodell und eine Karriere in
der Medizin unmöglich.

Inzwischen erlebe ich in unserem Ministerium selber – hier haben wir einige Frauen mit Kindern in Führungspositionen –, wie
entscheidend es ist, dass sie klar und ohne Scheu artikulieren, was
sie möchten. Diese Frauen haben allen Grund, selbstbewusst aufzutreten, weil sie durch die Geburt ihres Kindes ja nicht ihre Fähigkeiten verlieren, sondern im Gegenteil welche hinzugewinnen.

Damit ihre Fachkompetenz nicht lange brachliegt, haben
wir für unser Ministerium eine gute Lösung gefunden. Wir er-
möglichen, dass sich im Ministerium Tagesmütter um die kleinen Kinder kümmern, so dass Frauen weiter stillen, aber auch
ihren Aufgaben nachgehen können, wenn sie dies wollen. Und
in einem Betrieb wie unserem, in dem es beispielsweise keine

Produktionsstraßen im Schichtsystem gibt und die Ministeriumsmitarbeiter auch wenig auf Geschäftsreisen gehen, lässt sich das gut organisieren. Wichtige Stellen bleiben so nicht lange unbesetzt. Außerdem ist es relativ schwer, jemanden zu finden, der mal so eben für drei oder sechs Monate eine Elternzeitvertretung in der politischen Führungsebene bei uns machen kann. Also haben wir versucht, Lösungen zu finden, die die Bedürfnisse der Kinder, die Wünsche der Eltern und die Aktualität beim Arbeitgeber möglichst in Einklang bringen. Das ist ein ganz wichtiges Signal ans Haus, weil damit klar wird, dass die Leitung es gut findet, wenn Kinder geboren werden, und dass dies zu keinerlei Abstrichen in der Karriereplanung, auch nicht in Führungspositionen, führen muss.

Ist Ihr Wille, Frauen zu helfen, Familie und Beruf vereinbaren zu können, vor allem durch eigene Erfahrungen entstanden, oder hatten Sie sich das von Anfang an vorgenommen?

Er ist erst auf der Grundlage eigener Erfahrungen gewachsen. Als junge Ärztin war ich anfangs eher ängstlich. Ich hatte ein schlechtes Gewissen auf beiden Seiten, also im Beruf und in der Familie. Ich erinnere mich auch noch an das Gefühl, den an mich gestellten Erwartungen und Anforderungen nicht entsprechen zu können. Daher weiß ich, wie wichtig es für Frauen ist, dass sie in ihrem Berufsumfeld erfahren, kein schlechtes Gewissen haben zu müssen, wenn sie ein Kind bekommen. Ganz im Gegenteil: Eigentlich müsste man aus diesem Anlass ein Freudenfeuerwerk veranstalten – auch wenn sie erst einmal und völlig berechtigt etwas mehr Zeit für ihr Kind brauchen. Genauso wichtig ist es, dass die ganze Familie die junge Mutter ebenso wie den jungen Vater unterstützt, wenn sie weiterhin arbeiten und gleichzeitig das Leben mit Kindern kennenlernen wollen.

Es ist doch nicht so, dass wir zu unseren Berufen gezwungen werden. Wir sehen dadurch einfach Perspektiven für unser Leben. Gleichzeitig lieben wir unsere Kinder aus tiefstem Herzen. Eine gute Mutter und eine gute Ärztin, Krankenschwester oder Unternehmerin zu sein, das schließt sich doch nicht aus. Beide Seiten können zusammengehen und einander bereichern. Man muss aber als Arbeitgeber auch aktiv darüber nachdenken, wie das zu organisieren ist.

Ich fördere deshalb bewusst und gezielt junge Mütter und Väter. Ich weiß, welches Päckchen sie zu tragen haben. Oft bewundere ich auch, wie junge Eltern das alles schaffen.

Warum fehlt es noch so häufig an Solidarität unter Frauen, wenn Mütter mit Kindern arbeiten wollen?

Ich glaube, dass das Thema der Vereinbarkeit von Familie und Beruf nicht nur die Frauen untereinander, sondern die ganze Gesellschaft in den vergangenen dreißig Jahren extrem gespalten hat. Aber typischerweise ist es ja oft nicht so, dass die Frau ein Kind bekommt und dann für immer zu Hause bleibt oder ein Kind bekommt und nahtlos weiterarbeitet. Das Leben ist entschieden vielfältiger. Wir aber tun so, als gäbe es nur ein „Entweder-oder". Wenn die jungen Mütter arbeiten wollen, gelten sie als Rabenmütter, wenn sie zu Hause bleiben wollen, als Heimchen am Herd. Das ist abwertend und hat unglaublich viel Schaden angerichtet. Kinder brauchen vor allem zufriedene Eltern, das macht den Familienalltag harmonischer. Frustrierte Eltern sind auch kein Glück für Kinder. Die gesamte Gesellschaft muss darüber nachdenken, wie wir jungen Müttern und Vätern helfen können, mit ihren Kindern so zu leben, wie sie es gern möchten.

Die Solidarität unter Frauen wird wachsen, wenn es gelingt, die Väter mit ins Boot zu holen. Solange Kindererziehung eine reine Frauenangelegenheit bleibt, wird sie auch mit den bekannten Vorurteilen behaftet in der gesamten Gesellschaft gesehen. Das zeigt uns beispielsweise die Diskussion über die beiden Vätermonate im Elterngeld, die zum Teil als „Wickelvolontariat" verspottet wurden. Das spricht Bände.

Das verschreckt wahrscheinlich viele Väter ...

... und bestärkt andere, dagegenzuhalten, denn es zeigt sich inzwischen, dass viel mehr junge Männer als erwartet diese Elternzeit nehmen. So kann es uns durchaus gelingen, die Betreuung und Erziehung der Kinder als eine gemeinsame Aufgabe von Männern und Frauen zu etablieren. Für Männer gilt ebenso wie für Frauen, dass sie ein Recht darauf haben, für ihre Kinder präsent zu sein. Auch für sie gilt, dass Beruf und Kindererziehung zusammengehen.

Das könnte ein langer Weg sein.

Es ist der einzige Weg, der uns bleibt, damit in Zukunft wieder mehr Kinder zur Welt kommen. Der, den wir bisher gegangen sind, hat dazu geführt, dass die Kinderlosigkeit in unserem Land höher ist als irgendwo sonst auf der Welt. Dafür zahlen wir schon jetzt einen hohen Preis.

Wie lässt sich das ändern?

Um Bewegung in solch verfahrene Situationen zu bringen, braucht es immer Trendsetter. Ich weiß noch genau, dass meinem Mann zu Beginn meiner Zeit als Sozialministerin viel Hohn und Spott entgegenschallte, weil wir scheinbar „Rollen wechselten". Plötzlich stellte man ihm Fragen wie: „Na, sehen Sie Ihre

Frau noch häufiger zu Hause als im Fernsehen?" Oder: „Bringen Sie jetzt abends Ihre Kinder ins Bett?" Das ging so weit, dass seine bis dahin niemals in Frage gestellten beruflichen Fähigkeiten als weniger verfügbar angesehen wurden. Damals konnte er mit dieser spöttischen Haltung schwer umgehen. Mittlerweile besitzt er die nötige Erfahrung und Standfestigkeit zu sagen, dass er die Kinder abends ins Bett bringt, weil er einfach sehr gern viel Zeit mit ihnen verbringt. Dann gelingt es, den Spott zu überwinden, weil sich die Frage umkehrt. Eine bohrende Frage in Männerkreisen ist doch eher: Wir sind alle geübt in unseren Berufen, aber wo sind wir als Väter im Alltag unserer Kinder? Aus solcher Stärke entstehen Vorbilder oder Trendsetter, die Mut machen.

Unsere Untersuchungen zeigen deutlich, dass die Mehrheit der jungen Männer heute nur Väter werden wollen, wenn sie Zeit für die Kinder haben. Sie wollen ernst genommen werden, eine wichtige Rolle spielen in der Erziehung und im Leben ihrer Kinder. Das erklärt vielleicht auch, warum die Kinderlosigkeit bei den Hochqualifizierten unter den Männern höher ist als bei Frauen. Eine Tatsache, die fast keiner kennt und mit der sich die Gesellschaft viel zu wenig auseinandersetzt.

Wo sehen Sie vor allem die Stärken der Frauen, wenn es um Beruf und Karriere geht?

Ich beobachte selber, dass bei uns im Haus die gemischten Teams am produktivsten und spannungsfreiesten arbeiten, was allein schon beweist, dass wir auf die weiblichen Fachkräfte nicht verzichten können. Frauen haben andere kommunikative und organisatorische Stärken als Männer. Sie besitzen eine völlig andere Körpersprache und Tonart, wodurch in den gemischten Teams vor allem die stereotypen Reaktionsmuster aufgebrochen wer-

den. Männer kommunizieren mit tiefer Stimme, sind raumein-
nehmend durch ihre Körperfülle und übertönen so andere mit
ihren Argumenten, auch wenn die nicht besser sind. In den rein
weiblichen Teams sehe ich auch stereotype Verhaltensmuster, die
nicht förderlich sind: Wenn Frauen zum Beispiel empfindlich auf
Kritik reagieren oder nicht geradeheraus ihre Argumente anbrin-
gen, sondern über die eher persönliche Schiene laufen lassen.
All diese bremsenden Faktoren neutralisieren sich in gemischten
Teams eher, weil sich dort keiner mehr darauf verlassen kann,
dass der andere so reagiert, wie man es erwartet. Das beste Beispiel dafür ist das Auftreten der Kanzlerin auf der internationa-
len diplomatischen Bühne. Angela Merkel agiert anders als die
anderen, meist Männer, und bringt deshalb Bewegung hinein.

Wie zum Beispiel?

Ihre Art zu reden und zu kommunizieren und die Fäden zu-
sammenzuführen – und das ist ja das Entscheidende bei Verhandlungen –, ist wahrscheinlich für die meisten so verblüffend
und unerwartet, dass sie darauf unkomplizierter und offener reagieren als sonst und eher eine Veränderung wagen. Zuweilen
kommt dadurch ein Verhandlungsergebnis zustande, mit dem
keiner gerechnet hat.

**Können Frauen zufrieden sein mit dem, was sie bisher in der Po-
litik oder Wirtschaft erreicht haben?**

Es gibt ja diesen treffenden Spruch, dass der Stand der Gleichberechtigung erst dann erreicht ist, wenn mittelmäßige Frauen in
Führungspositionen sind.
    Aber Spaß beiseite. Allein schon aufgrund der Erkenntnis,
dass wir durch den demografischen Wandel auch auf einen

Fachkräftemangel zugehen, kann es sich ein Unternehmen zukünftig gar nicht mehr leisten, auf die Hälfte der Menschheit zu verzichten. Das wird Bewegung in die Gleichstellung der Geschlechter bringen. Der zweite Punkt ist, dass den Frauen die Bildung nicht mehr verwehrt werden kann. Damit stehen ihnen alle Türen offen und keiner kann sie mehr bremsen. Drittens muss es in Zukunft so sein, dass die Erziehung von Kindern und die Fürsorge für Alte von Frauen und Männern gemeinsam getragen werden, nicht nur von einem Geschlecht allein.

Der Prozess der Gleichstellung ist also noch lange nicht abgeschlossen, und eine nächste Frage wartet bereits auf kluge Antworten: Was ist mit den Jungen los? Warum nehmen sie am Bildungsaufschwung nicht so teil wie die Mädchen? Bei diesem Thema zeigt sich, dass wir nie behaupten können, alle Probleme im Griff zu haben, sondern immer weitergehen müssen.

Ist die „Herdprämie" zu Recht Unwort des Jahres 2007 geworden?

Absolut, denn es bedient uralte Klischees. Zudem sei die Frage erlaubt: Was ist eigentlich schlecht an der häuslichen Tafel und dem häuslichen Herd? Das Unwort des Jahres macht eine der wichtigsten Aufgaben der Gesellschaft lächerlich – das Sich-Kümmern. Insofern ist der unrühmliche erste Platz richtig.

In den Geschichten der Frauen in diesem Buch kommt oft zur Sprache, dass Männer mehr Selbstbewusstsein zeigen als Frauen. Männer sagen bei Herausforderungen: „Ich kann das!" Frauen fragen: „Kann ich das?"

Da muss man sich zuerst einmal fragen, warum das so ist. Ich denke, vor allem, weil den Frauen die Vorbilder fehlen. Blättern

Sie in alten Zeitungen und Zeitschriften oder schauen Sie sich Nachrichtensendungen von vor zwanzig oder dreißig Jahren an – da sind sämtliche Entscheidungspositionen ausschließlich von Männern besetzt. Auf einigen sitzen inzwischen auch Frauen, aber es fehlten lange die Vorbilder dafür, dass das überhaupt geht. Der Hauptvorwurf an die Kanzlerin im Jahre 2005 war: Die kann das nicht – mit der Betonung auf *die*. Ein Vorwurf, den sie inzwischen vielfach entkräftet hat. Nur bedurfte es tatsächlich erst einer Frau an der Spitze, um zu zeigen: Sicher geht das, warum auch nicht!

Frauen werden sich alles zutrauen, wenn sie genug weibliche Vorbilder haben, an denen sie sich orientieren können und die außerdem ausstrahlen, dass sie mit dem, was sie tun, nicht nur erfolgreich, sondern auch glücklich sind. Das finde ich ebenso wichtig.

Wer war denn für Sie ein Vorbild?

Die Kanzlerin. Die Standhaftigkeit, mit der Angela Merkel allen Angriffen, allem Spott und Hohn standgehalten hat, ohne sich jemals selbst auf dieses Niveau zu begeben, ohne dabei die Contenance zu verlieren, das war immer sehr motivierend für mich. Es gab auch Frauen in meiner unmittelbaren Umgebung, die mich bestärkt haben. Zum Beispiel Dr. Margot Käßmann, die mit ihren vier Kindern auch ihre Frau steht. Wer mit Spitzenbelastung arbeitet, braucht Zuversicht. Ich habe einige Situationen erlebt, in denen Männer, ob nun in der Medizin oder in der Politik, anfangs versuchten, mich entweder zu verniedlichen oder wie eine Dampfwalze über mich hinwegzurollen oder meine Existenz einfach zu ignorieren. Da muss man standhaft bleiben und vielleicht erwächst daraus auch eine ganz besondere Kraft und Gelassenheit.

Was ist Ihr größter politischer Erfolg?

Die Kopplung der Einführung des Elterngeldes mit dem Ausbau der Kinderbetreuung. Das hat gesellschaftspolitisch unglaublich viel bewegt in diesem Land. Es macht Mut zu Kindern, weil es den jungen Menschen Wahlfreiheit gibt. Diese Bresche ist geschlagen und kann nicht wieder zuwuchern.

Und was ist Ihnen persönlich am wichtigsten?

Gemeinsam mit meinem Mann die Kinder gut ins Leben zu begleiten.

Erziehen Sie Ihre Töchter und Söhne gleich?

Wir erziehen sie gleich, obwohl ich nicht weiß, ob das intuitiv und in jeder Nuance so ist, weil es mit den Mädchen natürlich andere Gespräche gibt als mit den Jungs. Ich merke aber gerade jetzt, wo es bei den Mädchen mit dem Abitur und dem Studium los geht, dass ich darauf achten muss, für sie erst einmal alle Optionen offenzulassen, sie zu bestärken: Du bist gut! Du kannst viel! Trau Dich!

Was würden Sie Ihrer Tochter mit auf den Weg geben, die gerade ihr Abitur gemacht hat?

Zuerst einmal sollte sie herausfinden, welche Wünsche sie hat, und sie dann auch offen sagen, selbst wenn sie völlig irreal scheinen. Zum Beispiel: Ich möchte Generalsekretärin der UNO werden und gleichzeitig viele, viele Kinder bekommen. Solche Träume muss man haben dürfen.

Am wichtigsten ist für mich am Anfang jeder Karriere allerdings, nach einer Ausbildung oder einem Studium zu suchen, das viele Türen offen lässt. Es ist nicht gut, sich zu früh auf das scheinbar Pragmatische, Unkomplizierte zu reduzieren. Das Leben, das vor ihr liegt, ist noch lang. Ihre Kräfte wachsen weiter und auch der Mut und das Vertrauen in das, was sie tut und kann. Deshalb sollte sie ihren Horizont niemals zu früh einengen.

Was ist für Sie Glück?

Glück ist zuerst einmal das Gefühl, in seiner inneren Mitte zu sein und lebendig, aktiv und beziehungsreich mit den Menschen zu leben, die einem wirklich wichtig sind. Was aber nicht heißt, dass diese Beziehung ständig spannungsfrei sein muss.

Zahlen und Fakten

Die wichtigsten Projekte, die Ursula von der Leyen seit November 2005 auf den Weg brachte:

Betreuungskosten

Bei der ersten Kabinettsklausur beschloss die schwarz-rote Koalition im Jahre 2006, dass private Haushalte die Kosten für die Betreuung von Kindern und anderen Familienangehörigen in Höhe von rund 4000 Euro jährlich von der Steuer absetzen können.

Elterngeld

Wegen der sinkenden Geburtenzahlen in Deutschland beschloss die Koalition die Einführung eines Elterngeldes, bei dem Eltern seit Januar 2007 über zwölf Monate 67 Prozent ihres letzten Nettogehaltes (Höchstbetrag 1800 Euro) erhalten, wenn sie zur Betreuung ihres Kindes zu Hause bleiben. Für Aufmerksamkeit sorgten die sogenannten „Vätermonate", eine Verlängerung der Zahldauer von zwölf auf vierzehn Monate, wenn auch der Vater für zwei Monate aus dem Beruf aussteigt.

Kindergartenplätze

Im Februar 2007 forderte Ursula von der Leyen nach dem Bundesparteitag der CDU einen massiven Ausbau der Betreuungsangebote für unter Dreijährige und folgt damit einer langjährigen Forderung der SPD. Die große Koalition von CDU und SPD beschloss den generellen Rechtsanspruch auf eine Kindertagesbetreuung von unter Dreijährigen ab 2013.

Betreuungsgeld

Weil die CSU und Teile der CDU in diesem Betreuungsangebot eine Abkehr vom traditionellen Familienbild sehen, fordern sie die Einführung eines Betreuungsgeldes für Eltern, die ihre Kinder zu Hause großziehen. Weil Kritiker das Betreuungsgeld zur „Herdprämie" degradierten, wurde es zum Unwort des Jahres 2007 gewählt.

Dr. Simone Siebeke, 45, Corporate Vice President Human Resources bei Henkel

„Entscheidend für Erfolg und damit auch die Karriere ist eine gute Performance."

Mehr als 53.000 Mitarbeiter sind weltweit für das Unternehmen Henkel* tätig, davon etwa 150 im Topmanagement. Eine der wenigen Frauen, die dazugehören, ist die Juristin Dr. Simone Siebeke, Mutter zweier Kinder.
Sie studierte Rechtswissenschaften in Köln, Lausanne, Freiburg und Göttingen und bestand ihr juristisches Staatsexamen als eine der Besten in ganz Deutschland. Die ersten Stationen ihrer Karriere führten

sie zur Europäischen Gemeinschaft nach Brüssel und zur Deutsch-Amerikanischen Handelskammer nach New York. 1991 übernahm sie die Leitung des Ministerbüros im Bau- und Infrastrukturministerium in Sachsen-Anhalt, bis sie sich entschloss, in Düsseldorf sesshaft zu werden, wo ihr Mann lebte. Die Topjuristin kam zu Henkel und begann im Rahmen eines Führungsnachwuchskräfteprogramms im Einkauf. Zweieinhalb Jahre später wurde sie Assistentin des Henkel-Vorstandsvorsitzenden. Inzwischen ist Simone Siebeke als Corporate Vice President Human Resources für den Unternehmensbereich Kosmetik weltweit zuständig, der etwa drei Milliarden Euro Umsatz umfasst. Zu ihren derzeitigen besonderen Projekten gehören die Einrichtung eines globalen Talent-Management-Systems, die Einführung eines Recruitment-Konzepts für Führungsnachwuchskräfte und die Nachfolgeplanung für alle weltweit wichtigen Positionen im Kosmetikbereich.

Sie ist außerdem Stellvertretende Clubausschussvorsitzende des Golf-Clubs Hubbelrath bei Düsseldorf, wo sie 2007 im Henkel Golf Cup den Longest Drive gewann.

Ich wuchs mit fünf Geschwistern auf und in unserer Familie herrschte ein starkes Leistungsprinzip. Das empfand ich positiv. Mein Vater war Anwalt, meine Mutter Medizinerin, und sie legte, als sie meine ältere Schwester erwartete, trotzdem ein Topexamen hin.

Der Begriff Rabenmutter fiel in unserer Familie nie, im Gegenteil: Wir waren sehr stolz auf unsere Mutter und mein Vater zählt noch heute, mit über achtzig, zu ihren größten Bewunderern. Sie ging Anfang der siebziger Jahre in die Politik, wurde als eine der ersten Frauen in Deutschland Bürgermeisterin. Das war damals eine Sensation. Eine Journalistin der „Brigitte" kam zu uns nach Hause, um sie zu interviewen.

In solch einem Umfeld wuchs ich auf, und ich denke, die eigene Mutter als positives Role Model erlebt zu haben, ist eine gute Voraussetzung für sich selber, um Beruf und Familie miteinander vereinbaren zu können. Ich war früh selbstständig, hoch motiviert, brauchte keine Anstöße von außen.

Nach dem Abitur studierte ich in Köln, Lausanne, Freiburg und Göttingen Jura und promovierte in Köln, weil ich mir damit eine breite Ausgangsbasis für verschiedene Berufswege aufbauen wollte. Ich interessierte mich aber auch für BWL, Geschichte und Psychologie. Nach neun Semestern hatte ich 1987 mein Examen in der Tasche, bekam ein Stipendium für die Europäische Gemeinschaft in Brüssel und arbeitete im Rahmen des Rechtsreferendariats in der Deutsch-Amerikanischen Handelskammer in New York. 1991 wurde ich Leiterin des Ministerbüros im Bau- und Infrastrukturministerium in Sachsen-Anhalt, bis ich 1992 – nach langen Jahren des Nomadendaseins – beschloss, mit meinem Mann in Düsseldorf zu leben.

Ich begann im Rahmen eines Führungsnachwuchskräfteprogramms im Einkauf und war zuerst für Verpackungen zuständig, später dann für Rohstoffe. Nach zweieinhalb Jahren fragte man mich, ob ich Assistentin des Henkel-Vorstandsvorsitzenden werden wollte. Ich wurde von meinem höchsten Vorgesetzten dafür vorgeschlagen. Diese Aufgabe bot mir die Möglichkeit, Einsicht in die Tätigkeitsgebiete von Vorständen zu nehmen, unter anderem bei einem großen Firmenkauf in den USA. Inzwischen bin ich als Corporate Vice President Human Resources weltweit für den Unternehmensbereich Kosmetik zuständig, der etwa drei Milliarden Euro Umsatz umfasst. Zu meinen derzeitigen besonderen Projekten gehören die Einrichtung eines globalen Talent-Management-Systems, die Einführung eines Recruitment-Konzepts für Führungsnachwuchskräfte und die Nachfolgeplanung für alle weltweit wichtigen Positionen im Kosmetikbereich.

Im Jahre 2002, ich war fast vierzig, beschlossen mein Mann und ich, eine Familie zu gründen. Ich war in meinem Job gut vorangekommen und davon überzeugt, Familie und Beruf miteinander vereinbaren zu können.

Als ich wusste, dass ich Nachwuchs erwartete, informierte ich meinen Vorgesetzten darüber, dass ich nach der Entbindung sofort weiterarbeiten werde und die Kinderbetreuung bereits geregelt sei.

Das würde ich als wichtigen Tipp an karrierewillige Frauen weitergeben: Die Planbarkeit von Mitarbeiterinnen ist für ein Unternehmen wichtig. Zum anderen sollten sehr ambitionierte Frauen nicht für längere Zeit aus dem Berufsleben aussteigen. Die meisten Frauen sind Mitte zwanzig, wenn sie in ein Unternehmen kommen, aber die richtige Karriere beginnt meist erst mit Mitte dreißig, wenn man sein Talent bewiesen und sich durchgesetzt hat. Gerade in dieser Phase kann sich ein zeitweiser Ausstieg als karrierehemmend erweisen.

Ich habe noch am Tag vor der Geburt meines ersten Sohnes gearbeitet, und nicht ich war deshalb gestresst, sondern eher meine Mitarbeiter, die bei jedem Meeting befürchteten, als Hebamme einspringen zu müssen.

Nach der Geburt meines ersten Sohnes arbeitete ich direkt wieder. Zwei Jahre später kam unser zweiter Sohn zur Welt und ich arbeitete auch wieder direkt. Beide Kinder sind ausgesprochen fröhlich sowie gesund und das Beste, was mein Mann und ich erfahren dürfen. Krankheitsbedingte Fehlzeiten aufgrund meiner Kinder kenne ich gottlob nicht. Ich bin sehr eingebunden in viele Termine, und da trifft es sich hervorragend, dass wir eine höchst zuverlässige und einsatzbereite Tagesmutter haben, zumal mein Mann als international tätiger Anwalt auch sehr stark beruflich beansprucht ist. Eine zuverlässige, liebevolle Betreuung ist sicherlich eine wichtige Voraussetzung, damit man sich im Job ausschließlich auf berufliche Fragestellungen konzentrieren kann. In meinem Umfeld hat keiner in Frage gestellt, dass ich meine Kinder mit meiner Karriere vereinbaren kann. Ich bin eine hoffnungslose Optimistin, und meine zusätzliche Rolle als Mutter hat eher dazu geführt, dass ich meinen Tagesablauf noch eine Spur straffer organisiere. Früher verließ ich häufiger erst nach 22 Uhr mein Büro. Das verkneife ich mir jetzt, weil ich die Kinder, soweit möglich, zumindest noch vor dem Schlafengehen kurz sehen möchte.

> Natürlich sollte sich jede Frau überlegen, ob sie von ihrer Belastbarkeit, ihrer Einstellung und ihrem Umfeld her bereit und in der Lage ist, diese Mehrfachbeanspruchung zu tragen, denn dafür braucht man schon eine gute Konstitution. Ich achte absolut, wenn Frauen zu Hause bleiben, um ihre Kinder großzuziehen oder sich für eine Teilzeitposition entscheiden. Wichtig ist, dass sie das frei und selbstbestimmt tun können und ihre Wahl von ihrem Umfeld geschätzt wird. Zufriedenheit als ein wichtiges Lebensziel lässt sich auf vielen Wegen erreichen.

Gern möchte ich aus meinem Human-Resources-Erfahrungshintergrund und meinem eigenen Karriereweg jüngeren Frauen einige Tipps mit auf den Weg geben: Entscheidend für Erfolg und damit auch die Karriere ist eine gute Performance. Das gilt in allen Bereichen: Wer eine gute Performance bietet, hat auch als Frau die besten Chancen, an die Spitze zu kommen. Netzwerke sind hilfreich, natürlich auch für Frauen, aber ich denke, sie sollten nie auf Quoten bauen oder auf dem Frauen-Ticket fahren. Zudem bin ich für die berufliche Zukunft von Karrierefrauen sehr positiv eingestellt: Zum einen verfügen Frauen inzwischen über eine sehr gute Ausbildung. So setzte sich 2005 der Anteil der Frauen bei akademischen Abschlüssen folgendermaßen zusammen (in Prozent): Professorinnen 14,3; Habilitierte 23; Promovierte 39,5; Hochschulabsolventinnen 50,8; Abiturientinnen 56,8 (Quelle: Destatis). Der Anteil der Frauen in den höchsten Entscheidungsgremien der jeweils fünfzig größten börsenorientierten Unternehmen liegt in Deutschland bei 11, in Norwegen bereits bei 31 Prozent (Quelle: Europäische Kommission). Zum anderen hat sich auch ein neues Bewusstsein in Gesellschaft und Unternehmen gebildet. So gibt es beispielsweise in den 30 DAX-Unternehmen inzwischen 14 Diversity-Beauftragte. Diversity Management oder Vielfaltsmanagement ist ein Konzept der Unternehmensführung, das auf die Heterogenität der Beschäftigten achtet und dies zum Vorteil aller Mitarbeiter und des Unternehmens nutzt.

Im Jahr 2007 unterzeichnete Henkel die Initiative „Diversity als Chance – Die Charta der Vielfalt der Unternehmen in Deutschland", mit der sich Vertreter der deutschen Wirtschaft zum Diversity-Konzept bekennen. Was können Frauen tun, um diese gute Ausgangslage für sich zu nutzen?

Was manchen Frauen immer noch schwerfällt, ist, ihre beruflichen Ziele klar zu formulieren. Frauen stellen sich eher nicht so ziel- und karrierebewusst auf wie Männer, weil ihnen Macht grundsätzlich weniger bedeutet. Fragt man sie beispielsweise, wo sie in fünf Jahren stehen möchten, reagieren sie oftmals zurückhaltend, während Männer in der Regel klar sagen, welche Position sie anstreben. Folgendes möchte ich deshalb gern an Frauen weitergeben:

Zeigen Sie mehr Selbstbewusstsein! Dazu gehört, zielorientiert aufzutreten und offen zu sagen, dass man eine höhere Position anstrebt. Das kann ein wichtiges Signal in Mitarbeitergesprächen sein. Wohlmeinende Vorgesetzte können Karrieren entscheidend mitsteuern.

Sie sollten auch unverzüglich zusagen, wenn eine neue berufliche Herausforderung an Sie herangetragen wird, anstatt „noch mal überlegen" zu wollen oder „nicht zu wissen, ob ich das schaffe". Männer haben da oft weniger Selbstzweifel. Derjenige, der einen vorschlägt, hat ja gute Gründe dafür und ist überzeugt, dass man es kann. Wenn die Gefragte daraufhin unsicher reagiert, verunsichert das eher den Vorgesetzten, ob seine Wahl richtig ist.

Empfehlenswert ist es, eine Funktion auszuüben, die Erfolge sichtbar und messbar macht, wie z. B. im Vertrieb oder im Einkauf. Ebenso ist es hilfreich, im Unternehmen einen Mentor im Topmanagement zu haben. Diesen kann man beispielsweise durch die erfolgreiche Übernahme wichtiger Sonderprojekte für sich gewinnen. Abgestimmte Eigeninitiative bei Projekten, die das Unternehmen weiterbringen, ist ebenso willkommen und kann auch zu einem Mentor führen.

Viele Frauen haben den perfektionistischen Anspruch, ihren Job 120-prozentig zu machen, und leisten ausgezeichnete Arbeit, ohne das gesondert herauszustellen. Um aber wirklich Karriere zu machen, müssen sie Sonderprojekte übernehmen, die ihnen Aufmerksamkeit im Unternehmen verschaffen.

Leadership Qualities sind für eine Karriere sehr wichtig. Dazu gehört, zu überzeugen, Initiative und Entscheidungsfähigkeit sowie Perspektive und Urteilsvermögen zu zeigen. In diesen Dimensionen sollten sich Frauen verstärkt trainieren. Manche Frauen neigen zu einem sehr genauen Ansatz statt zur Darstellung des großen Gesamtbilds. In Anbetracht der Informations- und Arbeitsfülle im Topmanagement ist es gefragt, Sachverhalte prägnant auf den Punkt zu bringen.

> Frauen erklären ihren Mitarbeitern häufig auch die Hintergründe und Zusammenhänge, warum sie bestimmte Entscheidungen so und nicht anders treffen. Dies mag zuweilen rechtfertigend klingen. Ich halte das indes für einen kooperativen, zukunftsorientierten Führungsstil, der vielen Mitarbeitern jedoch noch fremd ist.

Es gibt Situationen, da fühlen sich manche Frauen persönlich angegriffen, obwohl es nur um ein Sachthema geht. Kritik an der Sache ist streng von Kritik an der Person zu trennen. Wenn Frauen Widerstand spüren, ziehen sie sich manchmal zurück. Sie sollten lernen, gelassener zu sein, in schwierigen Situationen sogar humorvoll zu reagieren.

Jobzufriedenheit entsteht, wenn ich am Abend mit dem Gefühl nach Hause gehen kann, schwierige Probleme gelöst oder wichtige Dinge bewegt zu haben. Oder wenn ich die Karriere eines Mitarbeiters mitformen konnte. Mich erfüllt es, Begabungen und Fähigkeiten eines Mitarbeiters zu entdecken und mit ihm herauszufinden, an welcher Stelle des Unternehmens er entsprechend seinen Stärken besonders gut platziert ist. Vor einiger Zeit hatte ich einen wichtigen neuen Mitarbeiter für uns gewonnen. Danach glaubte ich, völlig entspannt in den Urlaub fahren zu können. Doch dann empfing ich bereits am ersten Urlaubstag die Hiobsbotschaft, dass ihm die bisherige Firma ein weitaus höheres Gegenangebot gemacht hatte und er nicht zu uns wechselt. Da waren die ersten Urlaubstage vollgefüllt mit Telefonaten, bis ich ihn wieder im Boot hatte.

Viele denken, dass erfolgreiche Menschen von früh bis spät glücklich sind und keine Ups and Downs kennen. Aber wenn man seine Ideen durchsetzen, andere Menschen überzeugen, seine Positionen verkaufen will, ist das nicht immer einfach. Auch nicht für die Familie, in der man lebt. Meine fand es zum Beispiel gar nicht gut, dass ich unser Hotelzimmer gleich nach der Anreise in mein Büro umfunktionierte.

Man sagt Frauen nach, dass sie schlechter abschalten und alle Probleme aus dem Büro mit nach Hause nehmen, um weiter zu grübeln, wie sie was noch besser machen können. Diesen Frauen kann ich nur folgenden Rat geben: Macht die Schotten dicht, geht dafür am besten joggen. Mir natürlich auch.

---

* Das Unternehmen Henkel ist in den drei Geschäftsfeldern Wasch- und Reinigungsmittel (Persil, Spee, Vernel, Pril, Sidolin oder WC Frisch), Kosmetik und Körperpflege (Schwarzkopf, Fa, Diadermine oder Theramed) sowie Adhesive Technologies (Klebstoff-Technologien) (Pritt, Ceresit, Pattex, Metylan, Loctite oder Teroson) aktiv und zählt zu den 500 Fortune-Global-Unternehmen.
Henkel gehörte zu den 366 Unternehmen, die sich 2005 an dem Wettbewerb „Erfolgsfaktor Familie" beteiligten. Eine von der Bundesregierung berufene Jury wählte darunter vier Betriebe als besonders familienfreundlich aus. In der Kategorie der großen Unternehmen (über 500 Beschäftigte) erhielt der DAX-Konzern Henkel die Trophäe. Drei der Gründe: Henkel bietet flexible Arbeitszeitmodelle, zwei Jahre zusätzlichen Familienurlaub und eine Kita ab vier Monaten.

Sarah Wiener, 45, Köchin

„Das Wichtigste für Erfolg ist der Glauben an sich selbst, man darf sein Licht nie unter den Scheffel stellen, denn dein Gegenüber spürt sofort, wenn du bedürftig bist."

Die Kochphilosophie der Sarah Wiener lässt sich in fünf Worten zusammenfassen: erstklassige Zutaten und neue Kombinationen. Der Geschmack ist ihr beim Kochen das Wichtigste und nicht, ob das, was auf dem Teller liegt, etwas hermacht oder gerade schick ist oder Luxuszutaten braucht.

Sarah Wiener stammt tatsächlich aus Wien, lebt dort sechzehn Jahre in einem Künstlerhaushalt, bis sie die Schule abbricht und durch

Europa reist. Nach diesem ersten Abenteuer der Sarah Wiener arbeitet sie in der Küche des „Exil" und „Axbax" in Berlin-Kreuzberg, zwei legendären Künstlerkneipen ihres Vaters, obwohl sie sich bis dahin noch nicht mal ein Spiegelei selbst gebraten hat. Doch wie sich bald herausstellt, besitzt Sarah ein Händchen für Speisen und muss nicht in eine Entenbrust piksen, um herauszufinden, ob sie innen zartrosa ist. Sie spürt es.

1990 kauft sie sich einen Armeelaster mit Gulaschkanone der NVA, nennt das Ganze „Tracking Catering" und macht daraus die begehrteste deutsche Filmcatering-Company, denn Stars wie Veronica Ferres, Tobias Moretti, Hannelore Elsner, Ludger Pistor oder Kate Moss lecken sich die Finger nach ihren Speisen.

Im Herbst 2004 ist sie als „Mamsell" in der ARD-Dokuserie „Abenteuer 1900 – Leben im Gutshaus" zu sehen und ein Millionenpublikum schließt sie ins Herz.

Heute kocht Sarah Wiener regelmäßig bei Kerner im ZDF, erlebt auf ARTE kulinarische Abenteuer in Frankreich und schrieb bereits drei Kochbücher. Außerdem besitzt sie drei Restaurants in Berlin: „Das Speisezimmer" in der Berliner Chausseestraße, das Bistro in der Akademie der Künste und das Restaurant „Sarah Wiener" im „Hamburger Bahnhof". Der Name „Sarah Wiener" ist beim Patentamt geschützt.

Eine Schwalbe macht zwar noch keinen Sommer, aber im September 2007 wurde Anne-Sophie Pic in Frankreich zur „Köchin des Jahres" gewählt. Insgesamt standen achttausend zur Auswahl. Damit ist sie die erste Frau, die diese höchste Auszeichnung der französischen Kochkunst erhielt. Das ist großartig, ich habe mich darüber gefreut. Unter anderem deshalb, weil Anne-Sophie eine Autodidaktin ist wie ich.

Auch in Deutschland wimmelt es nicht gerade vor Sterneköchinnen. 2006 bekamen über zweihundert Restaurants Michelin-

Sterne, aber nur in vieren davon waren die Küchenchefs Frauen. Was zeigt, dass sich an der Geschlechterfront nicht viel bewegt hat, wenn es ums „Sterne"-Kochen geht. Dreht es sich dabei aber um die profane Grundnahrungsmittelbeschaffung und deren Zubereitung für die Familie, wo keine Kamera läuft, müssen die Frauen natürlich ran an den Herd. Kochen ist nach wie vor die weibliche Tätigkeit schlechthin. In Afrika und Indien kümmern sich achtzig Prozent der Frauen um die Ernährung der Familie. Eier und Fleisch sind allerdings meist nur den Männern vorbehalten.

Es scheint in unserer Gesellschaft so zu sein, dass Frauen nur dann eine Chance auf Erfolg haben, wenn sie als Quereinsteiger ihren Weg gehen. Jedenfalls kenne ich keine Drei-Sterne-Köchin, die in der Küche den klassischen Weg über eine Kochlehre gegangen ist.

Viele berühmte Köchinnen, denen ich bei meinen kulinarischen Abenteuern in Frankreich begegne, kochen außerdem gern ihr eigenes Süppchen und beschäftigen nicht Dutzende oder sogar Hunderte Mitarbeiter. Ich kann das verstehen, denn Chefin zu sein, ist nicht immer lustig. Wenn in der Küche Hochspannung herrscht und auch ich unter Strom stehe, kann der Ton schon mal rauer werden. Ich habe deshalb manchmal Freunde sagen hören: „Wie springst du denn mit deinen Leuten um, so kannst du doch nicht mit ihnen reden."

Karl Marx hat gesagt: „Das Sein bestimmt das Bewusstsein." Wenn du Chefin bist und dafür sorgen musst, dass in deiner Küche alles perfekt funktioniert, weil die Gäste nur kommen, wenn auf ihrem Teller alles perfekt ist, siehst du das selbstverständlich anders. Du kannst dir nicht bei jedem Wort, das du sagst, vorher überlegen, ob du jetzt fair und gerecht bist. Ich brauche deshalb Mitarbeiter, die das aushalten und verstehen können.

Wenn das männlich ist, dann bin ich eben eine männliche Chefin. Nur wenn meine Mitarbeiter ihre Arbeit gut machen, gehe ich nicht pleite und sie behalten ihren Job. So ist das. Deshalb müssen wir gemeinsam einen Weg finden, unsere Firma so erfolgreich zu führen, dass wir alle gut davon leben können.

Als ich damit anfing, Chefin zu sein, war das ein permanentes Ausprobieren, wie ich mich bei meinen Mitarbeitern am besten durchsetzen kann. Mal war ich zu nachgiebig, zu verbindlich, dann wieder zu spontan oder aggressiv. Natürlich wollte ich mich mit allen gut verstehen, natürlich wollte ich, dass sie mich mögen. Aber dann musste ich doch erfahren, dass viele Leute Freundlichkeit mit Dummheit verwechseln. Ein partnerschaftlicher, freundschaftlicher Führungsstil kann dir auch leicht als Schwäche ausgelegt werden, und das ist nicht gut fürs Geschäft.

Querdenker, Quereinsteiger wie Anne-Sophie Pic besitzen viel Energie und stecken auch eine Menge weg. Trotzdem würde ich niemandem raten, quer einzusteigen, sondern erst einmal eine gute Ausbildung zu machen. Ich selbst habe das verpasst, weil ich lange Zeit gar nicht wusste, was ich werden will. Ganz sicher hätte ich mich auch niemals sechzehn Stunden in einer hierarchischen Küche herumscheuchen lassen. Aber meine Wissenslücken bedaure ich.

Karriere und Erfolg sind zwei verschiedene Paar Schuhe. Karriere war nie ein Thema für mich. Eine klassische, gesellschaftlich definierte Karriere macht für mich jemand, der als Lehrling anfängt und am Schluss der Ausbildung Meister ist. Weil bei mir aber alles anders lief, hat mich das nie interessiert. Für mich war wichtig, dass ich mich durch meine Arbeit ernähren, meine Miete bezahlen und vor allem selbstständig bleiben kann. Karriere und Erfolg sind ja kein willentlicher Akt, bei dem ich mir in aller Ruhe überlege: Will ich jetzt Erfolg? Mach ich jetzt Karriere?

Lange Zeit habe ich, wie viele Selbstständige, von der Hand in den Mund gelebt, wusste nie, was mir der nächste Monat bringt. Mal lief alles super, dann hakte es wieder eine Weile. Da hilft der feste Glauben an dich selbst, um auf den nächsten Auftrag hoffen zu können. Es gab ja auch bei mir düstere Zeiten, als mein Sohn und ich von Sozialhilfe leben mussten. Aber wenn es einen beruflichen Rückschlag gab, habe ich mir immer wieder eingebläut: Du bist gut! Aus dieser Krise kommst du aus eigener Kraft wieder heraus! Du bekommst deine Chance, du wirst von deiner Arbeit leben können!

Das war und ist der größte und stärkste Antrieb für mich – Unabhängigkeit, Freiheit, Anerkennung. Außerdem wollte ich meinen Platz in der Gesellschaft finden. Wo, war mir völlig egal, ich hätte auch gern für mich allein in einer Nische unbeobachtet dahingedümpelt.

Ich entschloss mich, im „Exil" und im „Axbax", zwei Restaurants meines Vaters, als Küchenhilfe anzufangen, und alles nahm seinen Lauf. Bis dahin konnte ich mir nicht mal ein Spiegelei braten. Ich habe in meiner ganzen Kindheit und Jugend nie kochen müssen und auch nie gesehen, wie man kocht. Weggesperrt in ein Mädcheninternat, hatte ich beispielsweise keinen blassen Schimmer, woraus Mayonnaise besteht. Blätterteig kannte ich nur aus der Tiefkühltruhe. Doch wie sich im „Exil" und „Axbax" schnell herausstellte, besaß ich eine gute Gabe für Speisen und deren Zutaten. Nur am Anfang habe ich mich manchmal vertan, trotzdem schmecke ich lieber zehn Mal ab, als 75 Gramm Zucker abzumessen. Wenn ich eine Entenbrust in den Ofen schiebe, muss ich nicht hineinpiksen, um zu prüfen, ob sie innen schon zartrosa ist. Ich fühle das.

Irgendwann las ich dann in der Zeitung, dass eine Werbeagentur eine junge, kreative Köchin sucht. Zwei Tage kochte ich bei ihnen zur Probe: Tafelspitz und Schweinsbraten mit Kümmel und Knoblauch, Buchteln mit Vanillesoße, Topfstrudel, selbst gemachte Nudeln mit verschiedenen Soßen und eine Pfarrhoftorte mit Nussbaiser und Äpfeln. Danach wollten die mich dort nicht mehr weglassen, und wenn die Agentur per Inserat wieder jemand Neues für die Mannschaft suchte, schrieben sie als Lockmittel hinein: „Für uns kocht eine der besten Köchinnen Berlins."

Bald schien mir diese Welt schon wieder zu klein. Ich war ehrgeizig, wollte nicht immer für die gleichen Leute kochen. Deshalb überlegte ich mir: Für wen möchtest du gern an Herd und Backofen stehen?

Und die Antwort hieß: für kreative Leute, die gutes Essen zu würdigen wissen. Also beschloss ich, Schauspieler, Kameraleute, Regisseure bei Dreharbeiten zu bekochen. Ich würde mit denen nach Tibet, auf die Malediven oder in die Alpen reisen und sozusagen wie im Urlaub brutzeln und backen.

Weil zeitgleich die Mauer fiel, kaufte ich mir von der NVA (Nationale Volksarmee der ehemaligen DDR) ein gut erhaltenes Armeefahrzeug mit Gulaschkanone, ließ alles zu einer mobilen Küche umbauen und nannte das Ganze „Tracking Catering".

Eine amerikanische Regisseurin war die Erste, die meinen neuen Service für Dreharbeiten orderte. Aber anfangs machte ich Fehler. Alles war viel zu overstyled. Zum Frühstück servierte ich Gänseleberpastete und frisch gepressten Orangensaft, zum Mittag ein Vier-Gänge-Menü auf Hutschenreuther. Es war völliger Quatsch. Es gibt beim Film auch Fahrer und Beleuchter, und die haben Appetit auf was Handfestes. Als ich fragte, wie es schmeckt, sagten sie: „Na ja, geht so, Mädel."

Früher war ich total fertig nach solcher Kritik und brauchte lange, bis ich die nicht mehr persönlich nahm. Heute schaue ich mir die Leute und die Welt, in der sie leben, genau an, bevor ich für sie koche. Ich liebe meine Kunden und möchte, dass sie sich nach dem Schlemmen die Bäuche halten und vor Lust stöhnen. Dafür stelle ich mich gern für sie zehn Stunden in die Küche. Wenn ich den Genuss in ihren Gesichtern sehe, bin ich total gut gelaunt.

Nach ein paar intensiven Wanderjahren beschloss ich, wieder etwas sesshafter zu werden, und eröffnete in der Berliner Chausseestraße mein erstes Restaurant: „Das Speisezimmer". Wie sich herausstellte, gab und gibt es eine Menge Leute, die schmecken, ob ein Salat liebevoll oder lieblos abgewaschen ist, und die das zu uns zog. Bei mir steht immer eine ungewöhnliche Mannschaft in der Küche: Alle sind kreative Typen, nicht einfach nur Köche. Jedes Essen, jedes Buffet verstehen wir als eine wirkliche Herausforderung.

Für den bildenden Künstler und Erfinder der „eat art" Daniel Spoerri habe ich in Vorarlberg mal ein „palindromisches perverses Travestie-Menü" gekocht, das optisch rückwärts lief, geschmacklich aber ganz normal vorwärts. Es begann mit Kaffee, Eis, Pralinés und Zigarre und endete mit einer Suppe. Aber natürlich nicht wirklich. Der Kaffee war eine Pilzsuppe, die Zigarren zierliche Stangen aus Brotteig, die Pralinés kleine Fleischterrinen mit Käse überzogen und eingefärbt in Rosa und Weiß, das Eis Kartoffelpüree mit Roter Beete, Spinat und Safran. Zum Abschluss servierte ich etwas, das aussah wie eine Kürbis-Käse-Sahne-Suppe mit Croûtons, aber eine Safran-Milch mit süßen Keksen war.

Um im Job erfolgreich zu sein, ist es manchmal von Vorteil, eine Frau zu sein, manchmal nicht. Wer als Frau in eine Männerdomäne eindringt, wird nach Feierabend nicht eingeladen, in der Stammkneipe um die Ecke ein Bierchen mitzutrinken. Das machen die Jungs lieber unter sich. Da entstehen natürlich Netzwerke, durch die man schneller einen neuen Job findet oder einen großen Auftrag an Land ziehen kann. Diese Art von Verbrüderung war mir verwehrt. Aber nicht nur weil ich eine Frau bin, sondern weil ich kein Bier mag und um vier in der Frühe auch ungern auf Partys herumhänge.

Frauen haben mehr Empathie, ein größeres psychologisches Feingefühl als Männer, und das ist oft sehr hilfreich. Letztlich ist in der Geschäftswelt aber nur entscheidend, ob du wirklich gut bist, egal ob Frau oder Mann. Das ist jedenfalls meine Erfahrung.

Früher wollte ich vor allem Frauen fördern, und ich freue mich immer noch, wenn ich eine gute Köchin finde und einstellen kann. Die Heroes in meiner Küche aber sind Männer. Nicht weil ich sie bevorzuge, sondern weil sich nur wenige Frauen um einen Job bei mir bewerben. Die körperliche Belastung in einer Küche ist nämlich enorm. Wenn du ein paarmal am Tag ein halbes Schwein durch die Küche schleppen musst, bist du nach einem Monat kaputt.

Neulich habe ich die Männer in der Küche gefragt, ob sie eine Frau als Chefin akzeptieren würden. Sie konnten sich das auch durchaus vorstellen, wenn sie nur dominant genug wäre und keinesfalls zickig. Beim Nachgrübeln darüber fiel ihnen gar nicht auf, dass sie bereits eine Chefin haben – nämlich mich.

Sie sehen mich als eine von ihnen, haben aber manchmal trotzdem Probleme, sich von mir Anweisungen geben zu lassen. Das habe ich auch in der ARD-Serie „Abenteuer 1900 – Leben im Gutshaus" gemerkt. Wenn ich da als Mamsell Tacheles mit dem männlichen Gesinde reden musste, guckten die jedes Mal entsetzt. Weil ihnen eine Frau eigentlich nichts zu sagen hat, weil die keine Macht haben darf. Wenn ich merke, dass ich es mit Männern zu tun habe, die so denken, ist unsere Zusammenarbeit nicht von langer Dauer. Das ist mir zu engstirnig, zu reaktionär.

Natürlich stärkt einen der Erfolg, und besonders am Anfang findet man es toll, wenn einen die Leute auf der Straße ansprechen oder der Briefträger einen ganzen Sack voller Autogrammwünsche ins Haus bringt. Die ersten Artikel über mich habe ich schon am Kiosk gelesen und mir die Zeitung gleich zweimal gekauft. Zum Glück bin ich aber nicht mehr zwanzig, sondern fünfundvierzig und kann das alles gut einordnen.

Ich muss mich nicht jeden Tag in den Medien sehen und beschäftige deshalb auch keine Marketingabteilung, Assistentin oder ein Pressebüro, sondern manage mich ganz allein und entscheide rein instinktiv, ob ich etwas absage oder zusage. Manchmal gräme ich mich allerdings auch über fehlende Anerkennung. So war meine Stirn von Unverständnis umwölkt, als meine Kochsendung bei ARTE nicht für den Deutschen Fernsehpreis nominiert wurde, obwohl es die beste Fernsehkochsendung ist, die es gibt. Wieso hat die keiner vorgeschlagen?

Ich bin also nicht frei von Eifersucht, denn die Welt ist nicht gerecht und die Besten verdienen nicht das meiste Geld. Und ich stehe ja auch nicht nur vor der Kamera, weil ich so gut kochen kann, sondern außerdem unter fünfzig bin und nicht an Übergewicht leide – was bei Männern übrigens nichts ausmachen würde. Die können ausschauen wie sie wollen, die haben schließlich Charakter.

Im Moment engagiere ich mich vor allem als Schirmherrin des „Tierzuchtfonds für artgemäße Tierzucht" und der Aktion „Haushalt ohne Genfood" für eine gesunde Ernährung. Mich packt jedes Mal das Grausen, wenn ich sehe, wie wir als eines der reichsten Länder der Welt die Massentierhaltung fördern, Kühe, Schweine und Hühner unter grausamen Bedingungen halten und züchten, um so wenig Geld wie möglich für Lebensmittel ausgeben zu müssen. Wie viele Qualen soll ein Huhn denn ertragen, damit wir noch zwei Euro weniger dafür bezahlen müssen? Es gibt Ställe mit 1000 Kühen, die sich nicht hinlegen können, weil es so eng ist. Die stehen nie auf einer Wiese und fressen frisches Gras. Ich möchte, dass das alle wissen und wir dadurch verantwortungsbewusster damit umgehen. Und wenn ich das sage, fordere ich damit keine höheren Lebensmittelpreise, sondern bessere Tierzuchtmethoden.

> Das Wichtigste für Erfolg ist der Glauben an sich selbst, man darf sein Licht nie unter den Scheffel stellen, denn dein Gegenüber spürt sofort, wenn du bedürftig bist. Egal wie mies es dir auch gerade gehen mag, wenn dich einer danach fragt, sag: „Wunderbar!". Denn damit unterstreichst du: Ich bin die Beste.

Und das kann man nur sagen, wenn man einen Beruf gefunden hat, zu dem man sich wirklich berufen fühlt, den man voller Leidenschaft macht, denn sonst wird man darin nicht wirklich gut und damit auch nicht wirklich glücklich.

Ich bekomme hin und wieder Bewerbungen von Frauen, die früher Krankenschwestern oder Verkäuferinnen waren, nun aber gern eine Stelle bei mir in der Küche hätten, weil deren Männer oder die Kinder finden, dass sie gut kochen können. Ich will da auch keine von ihnen entmutigen, denn ich bin ja selbst eine absolute Autodidaktin. Aber das professionelle Kochen ist trotz moderner Technik ein Knochenjob, von den zehn bis zwölf Stunden in der Hitze und an Töpfen und Pfannen mal ganz abgesehen, und wer da mit über vierzig oder sogar fünfzig noch einsteigen will, hat keine großen Chancen auf Erfolg. Eine „Karriere" muss man realistisch planen. Ich habe meine auch nicht mit einem großen Knall begonnen, sondern bin meinen Weg Schritt für Schritt gegangen und das braucht Zeit.

Das Leben ist Kampf, einen Berg hochzusteigen, kostet Kraft, und auf die meisten von uns wartet leider kein Erbe oder gar ein Multimillionär. Außerdem würde ich meine finanzielle Existenz niemals in die Hände eines Mannes legen, obwohl ich mich wie die meisten Menschen auf dieser Welt natürlich nach einem Partner sehne, der mich versteht und für mich da ist. Mein Leben aber will ich ganz allein in den Griff bekommen. Das ist anstrengend, aber wunderbar zugleich, denn so passiert immer etwas Neues und Spannendes bei mir. Ich fühle mich deshalb wie eine Sechzehnjährige. Das finde ich toll, richtig privilegiert.

Ira Holl, 47, Bankerin

„Ich war ehrgeizig, wollte perfekt sein. Das war der stärkste Motor für mich."

Wer hungrig ist, kann im „Q 110" in der Berliner Friedrichstraße 181 ein Karotten-Ingwerschaumsüppchen essen, eine Podiumsdiskussion junger Anwältinnen zum Thema „Clever, cool und charmant" mit illustren Gästen wie Renate Künast und Heidi Hetzer verfolgen oder auch ganz profan Geld am Automaten abheben, denn „Q 110" ist das Flaggschiff aller Filialen der Deutschen Bank bundesweit und mit ihren 1260 Quadratmetern die größte, schönste und innovativste im ganzen Land. Sie wurde im September 2005 eröffnet und das dreißigköpfige Team konnte seither über 300.000 Besucher in ihren

Räumen begrüßen. Das Fachmagazin „Geldinstitute" zeichnete das „Q 110" unlängst mit dem Titel „Geschäftsstelle des Jahres 2007" aus.

Die Chefin des „Q 110 – Die Deutsche Bank der Zukunft" ist eine Frau. Sie heißt Ira Holl und ist nicht nur clever, cool und charmant, sondern auch überaus erfolgreich. In den vergangenen zweieinhalb Jahren konnte sie mit ihrem Team fünfzig Prozent mehr Neukunden gewinnen als Filialen vergleichbarer Größe.

Die gebürtige Neubrandenburgerin begann ihre Karriere in einer Filiale der Staatsbank der DDR, kaufte sich bereits einen Tag nach der Wende am Bahnhof Zoo ein Banken-Fachbuch zum Schwarzmarkt-Umtauschkurs von 1:15 und wusste nach einer Ausbildung im Bereich Business-Banking auf Anhieb, welche Branche sich im maroden Osten am besten zur Kaltakquise eignet: die Bestattungsunternehmer, denn gestorben wird immer.

Solange ich denken kann, träumte ich davon, eine Verkäuferin zu sein. Meine Mutter hatte allerdings andere Pläne mit mir: Ich sollte Lehrerin werden wie sie. Weil ich mir vorstellen konnte, dass auch dieser Beruf eine Bühne für mich sein könnte, um vor und mit Menschen zu agieren, ging ich nach dem Abitur von Neubrandenburg nach Rostock, um dort Sport und Biologie zu studieren. Nach ein paar Monaten war mir allerdings klar, dass ich im doktrinären politischen System der DDR auf keinen Fall Lehrerin sein möchte, und ich brach das Studium ab.

Ich ging nach Berlin, jobbte im Einzelhandel und hatte ansonsten eine Menge Spaß. Erst mit zweiundzwanzig beschlich mich das Gefühl, dass es mit mir und meinem Leben strukturierter weitergehen müsste.

Rein pragmatische Gründe trieben mich erst einmal zurück nach Neubrandenburg, denn mein Vater hatte mir dort eine kleine Wohnung besorgt, was zu DDR-Zeiten so etwas wie ein Jackpot war. Um mir das Geld für die Miete zu verdienen, begann ich im Bezirkskrankenhaus von Neubrandenburg in der Materialökonomie zu arbeiten. Ich hatte auf dem Gebiet zwar keine Ahnung, fuchste mich aber schnell ein – das kann ich wirklich gut.

In dieser Zeit funkte es zwischen einem Zahnarzt des Krankenhauses und mir. Vierzehn Tage nach unserem ersten Rendezvous wurde ich schwanger, wir heirateten und im Sommer 1986 kam unser Sohn Philipp zur Welt.

Mein damaliger Mann stammte aus ärmlichen Verhältnissen und war unheimlich stolz darauf, diesem Milieu entronnen zu sein. Als wir unsere kleine Familie gründeten, promovierte er gerade. In dieser Zeit habe ich sehr viel gelernt, denn ich sah bei ihm das erste Mal, wie hart man arbeiten muss, um sein Pensum zu schaffen, und wie strukturiert man dabei vorgehen muss. Er setzte sich jeden Tag bestimmte Ziele, teilte sich die Zeit dafür ein und ackerte wie besessen, um diesen Zeitrahmen einzuhalten. Beeindruckt von seinem Ehrgeiz und seiner Energie, begann ich parallel zu seiner Promotion ein Ökonomie-Fernstudium.

Durch Zufall lernte ich bei einem Sportfest die Personalleiterin der Filiale der Staatsbank in Neubrandenburg kennen, die mir eine Stelle in der Bank anbot, obwohl ich keinerlei Ausbildung dafür besaß. Sie gehörte zu meinen ersten Förderern, denn sie war überzeugt davon, dass aus mir eine hervorragende Bankerin wird.

Zu den Aufgaben der Staatsbank der DDR gehörten unter anderem die Kontrolle des Geldumlaufes innerhalb der DDR sowie der Zahlungsverkehr ins Ausland. Außerdem war sie für die Finanzierung und Kontoführung der staatlichen Einrichtungen und der volkseigenen Betriebe verantwortlich. Obwohl ich ein kompletter Quereinsteiger war, stellte sie mir – ich war zu diesem Zeitpunkt hochschwanger – nach meiner Babypause einen Job in der Abteilung Industrie in Aussicht. Heute bekäme ich als Hochschwangere wahrscheinlich nirgendwo einen Job.

Im Februar 1987, acht Monate nach Philipps Geburt, fing ich in der Staatsbank an – richtig mit Biss, denn ich hatte den Ehrgeiz und den Willen, in Zukunft auf eigenen Beinen zu stehen, nicht mehr nur die Zahnarztgattin zu sein, die als schmückendes Beiwerk an der Seite nebenherläuft. Und ich wollte einen Beruf, der mir Spaß macht.

Der Einstieg war hart für mich, denn ich hatte ja null Ahnung von dem Geschäft und konnte meine Wissenslücken nicht überspielen, denn es ging um knallharte Zahlen. Meine Strategie damals war, jeden Tag etwas dazuzulernen und mit Charme, Ruhe und Gelassenheit zu beobachten, wie der Laden läuft. Dazu gehörte beispielsweise, herauszufinden, wie wichtig wem Macht ist, wer welchen Einfluss hat und demjenigen dabei gezielt in die Quere zu kommen. Wenn ich etwas für verbesserungswürdig hielt, brachte ich meine Vorschläge so an, dass sie meine Chefs sofort gemeinsam mit unserem Team weiterentwickeln konnten. Ich habe aber nie versucht, an ihnen vorbeizuziehen, um ganz oben meine Marke zu setzen.

Im November 1989, gleich nach der Wende, tauschte ich am Bahnhof Zoo in Westberlin meine Aluchips, so nannte man die DDR-Mark, eins zu fünfzehn, um mir für 9 Mark 99 ein Fachbuch über Bankbegriffe wie Abschreibungen oder Baufinanzierungskredite zu kaufen und auswendig zu lernen.

Als der erste neue Filialleiter aus dem Westen in unser Büro nach Neubrandenburg kam, dachte ich, ihm würde imponieren, dass ich bereits vorgearbeitet hatte, doch er behandelte mich eher wie eine Streberin, wenn ich mich in Gesprächen um Kompetenz bemühte. Da schwor ich mir: Dir werde ich es zeigen!

Was nicht leicht war, wie sich herausstellte, denn für den Entscheider aus dem Westen war ich als inzwischen frisch geschiedene, alleinerziehende Mutter der Unsicherheitsfaktor schlechthin. Er ging davon aus, dass ich mir ganz schnell einen reichen Wessi angle, mit ihm drei weitere Kinder in die Welt setze, um damit bis zum Ende meiner Tage gut versorgt zu sein. Deshalb wollte er, dass ich einfach so weitermache wie bisher, ohne eine Qualifikation für das neue Geschäft. Ich suchte mir dann eigenständig wichtige Aufgaben, kümmerte mich beispielsweise um die Finanzierung von Existenzgründern, die in Scharen zu uns kamen – Ärzte, Bauern, Einzelhändler, die eine eigene Praxis gründen, einen Bio-Hof aufbauen, einen Sexshop in der Innenstadt oder einen Imbisswagen an der Autobahn eröffnen wollten. Zwei Herren aus Osnabrück und drei aus Neubrandenburg waren die Ersten, die zu mir ins Büro kamen, um einen Kredit für ihre erste gemeinsame Computerfirma zu beantragen. Wie sich herausstellte, wussten sie besser als ich, wie das geht.

Zuerst waren es vor allem Männer, die den maroden Osten in eine blühende Landschaft verwandeln wollten und dabei vor allem an neue Autohäuser dachten. Die Frauen starteten zwar erst später durch, dafür aber oft fundierter, mit durchdachten Konzepten, zum Beispiel für Apotheken.

Um das gewaltige Pensum zu schaffen, begannen wir morgens um 6.45 Uhr zu arbeiten, saßen zu viert in einem winzigen Büro und vergaben im Halbstundentakt Kredite oder lehnten sie ab. Der Kindergarten machte damals zum Glück bereits um 6 Uhr auf, und so wusste ich Philipp gut untergebracht.

Meine drei Kolleginnen und ich waren am Mittag meist so fertig, dass wir manchmal nichts essen gingen, sondern lieber in einen Kurzschlaf verfielen, um bis 19 Uhr wieder fit für unsere Kunden und die Weiterbildung ab 20 Uhr zu sein. Diese Abendveranstaltungen machten mir am meisten zu schaffen, denn ich hatte niemanden, der Philipp in dieser Zeit betreute, und einen Babysitter konnte ich mir noch nicht leisten. An den Fortbildungskursen musste ich aber unbedingt teilnehmen, denn nur so konnte ich mir das nötige Know-how des Bankgeschäftes aneignen. Außerdem wollte ich wichtige Leute, potenzielle Kunden treffen, um mein altes Netzwerk zu erhalten und neue aufzubauen, damit meine Chefs sagen konnten: „Die Holl ist gut, die brauchen wir."

Weil ich Philipp aber auf keinen Fall allein zu Hause lassen wollte, kaufte ich mir einen Kombi und richtete im Heck ein kleines Schlafzimmer für ihn ein. Ich legte es mit weichen Schaffellen aus, zog Philipp seinen warmen Schlafsack an und dann durfte er vor dem Einschlafen noch seine Benjamin-Blümchen-Kassetten hören. Ich stellte den Kombi immer so ab, dass ich ihn von unserem Seminarraum aus sehen konnte. In den Pausen setzte ich mich auf den Rücksitz, um nahe bei meinem Sohn zu sein.

Die Schulungen brachten mich vorwärts. Ich war erfolgreich in der Kreditvergabe, was finanziell honoriert wurde. Außerdem gehörte ich zu den 15 von 86 Mitarbeitern, die die Mitarbeiterreduzierung der Neubrandenburger Filiale der Staatsbank der DDR bis zu diesem Zeitpunkt überlebt hatten.

Doch das Auswahlverfahren ging weiter, denn wenig später erfuhren wir, dass eine von uns an einem Kurs der Deutschen Bank teilnehmen durfte, der sich Business-Banking nannte und aus einem Jahr Theorie und einem halben Jahr Praxis in einer Filiale der Deutschen Bank in Bielefeld bestand.

Ich bewarb mich sofort darum, aber es gab schon eine Auserwählte, die zwar drei Kinder hatte, dafür aber verheiratet war. Ich war immer noch die alleinerziehende junge Mutter aus dem Osten, die nur auf ihren reichen Traumprinzen aus dem Westen wartete. Deshalb hielt mein Chef stur an seinem Vorsatz fest: In Frau Holl investiere ich nicht!

Und dann tat er es doch, weil es der Mann meiner Kollegin gar nicht spaßig fand, dass sie ihn mit drei Kindern achtzehn Monate allein lassen wollte, um Karriere zu machen. Ich belegte für sie den Kurs, ging aber nicht nach Bielefeld, sondern nach Westberlin, weil in Ostberlin meine Familie lebte, die mir bei der Betreuung von Philipp half. In unser Leben kehrte endlich Ruhe ein.

In der Bank dort behandelten sie mich, die Frau aus dem Osten, zuerst wie eine Exotin, wie einen Azubi, aber mir kam einfach entgegen, dass ich so gern Verkäuferin bin. Meine Art und mein Auftreten kamen bei den Kunden an, und meine Chefs nahmen mich deshalb bald gern mit zu Verhandlungen, überließen sie mir aber natürlich nicht allein. Das machte mir nichts aus, weil ich einfach nur weiterlernen wollte.

Anderthalb Jahre später kam ich in den Bereich Business-Banking der Deutschen Bank nach Anklam. Als ich meinen dortigen Chef um die Liste mit den Namen meiner Kunden bat, führte er mich ans Fenster, zeigte auf die Straße und sagte: „Da laufen sie, Ihre Kunden."

Ich dachte: Okay, das ist die nächste Kampfansage, denn ich durfte so bei null anfangen. Also war Kaltakquise angesagt (Kaltakquise ist die Erstansprache eines potenziellen Kunden, zu dem bisher keine Geschäftsbeziehungen bestanden), und ich suchte mir die Branche aus, die sich selbst im verarmten Osten nicht über fehlende Aufträge beklagen konnte: die Bestattungsunternehmer, denn gestorben wird immer und überall.

Also klapperte ich einen nach dem anderen ab, und die meisten eröffneten nach meinem Besuch ein Konto bei der Deutschen Bank und dachten über die Darlehen und Anlagen nach, die ich ihnen anbot.

Einige der Mitarbeiter empfanden mich sicherlich als Konkurrenz, denn ich war noch relativ jung und hatte inzwischen eine fundierte Westausbildung. Ich stand also wieder einmal allein auf weiter Flur, auch was die Betreuung von Philipp betraf. Er war damals oft krank, und wenn er hohes Fieber hatte, nahm ihn der Kindergarten nicht auf. Zum Glück besaß ich in Anklam ein eigenes Büro. Wenn ich ihn nirgendwo anders unterbringen konnte, legte ich eine Ecke davon, wie unseren Kombi, mit Schaffellen aus, und Philipp spielte dort mit seinen Matchboxautos und Büroklammern. Er hatte längst begriffen, wie wichtig es für uns beide ist, dass seine Mama Arbeit hat.

Ich lernte in dieser Zeit meinen heutigen Lebensgefährten kennen, der damals noch Chef der Filiale der Deutschen Bank in Anklam war. Er brachte mir alles bei, was man wissen muss, um so eine Filiale erfolgreich leiten zu können, und schärfte gleichzeitig meinen Blick für die Zusammenhänge innerhalb des Gesamtunternehmens Deutsche Bank. Außerdem war er Philipp ein wunderbarer Vater. Unsere Partnerschaft war von Anfang an von Liebe, gegenseitigem Respekt und Wertschätzung geprägt und gleichberechtigt im Geben und Nehmen.

Ein paar Jahre später siedelten wir gemeinsam um nach Westberlin, und ich begann zuerst in einer Filiale der Deutschen Bank in Schöneberg, später in Charlottenburg zu arbeiten. Ich war ehrgeizig, wollte perfekt sein. Das war der stärkste Motor für mich. Außerdem versuchte ich – im Gegensatz zu meinen männlichen Vorgesetzten – als Filialleiterin meine emotionale Seite mit in meinen Führungsstil einzubeziehen und neue Konstellationen und Entwicklungen von allen Seiten zu beleuchten.

Unser Regionsleiter zum Beispiel war sehr skeptisch, was die Arbeit unserer Filiale betraf, denn die Zahlen zum Jahresbeginn 2003 sahen nicht gut aus. Ich wusste, warum, aber ebenfalls, dass wir in zwei Monaten sehr viel besser dastehen würden. Wir brauchten nur einen gewissen Vorlauf, und ich überzeugte ihn auf meine Art davon, dass ich recht haben würde.

Bei unserer nächsten Beratung nämlich überreichte ich allen Anwesenden eine Hyazinthenknolle, unserem Regionsleiter übrigens die kleinste, und ich bat ihn, erst wieder bei uns anzurufen, wenn die Hyazinthe blüht. Dann, versprach ich ihm, würde er staunen, was für hervorragende Zahlen wir ihm vorweisen könnten. Obwohl ein durch und durch rational tickender Mensch, ging er auf diesen Deal ein und vertraute mir. Mit Recht, wie sich zwei Monate später herausstellte, denn als die Hyazinthe zu blühen begann, stimmten die Zahlen wieder. Mein Team und ich bekamen innerhalb des Unternehmens dafür große Anerkennung.

Als Dankeschön durfte ich gemeinsam mit anderen erfolgreichen Führungskräften der Deutschen Bank im Sommer 2004 zu den Olympischen Sommerspielen nach Athen fliegen.

Natürlich war auch die obere Führungsebene der Deutschen Bank bei diesem Superevent präsent, und mir war sofort klar, dass sich mir nie wieder eine solche Chance bieten würde, mein Netzwerk auszubauen. Ich nutzte sie. Auf unseren Teilnehmerlisten sah ich, wer von den Kollegen wann wohin geht, und knüpfte so nach und nach zu sehr vielen von ihnen persönliche Kontakte.

Kommunikation und gute Netzwerke sind die Basis meines Agierens. Davon profitiere ich noch heute.

Ich blieb mit meinem Team nachhaltig erfolgreich, bis ich zu meiner großen Überraschung im Mai 2005 zu einem Gespräch ins Center nach Frankfurt am Main eingeladen wurde. Wie sich herausstellte, suchte man für das Q 110 in der Berliner Friedrichstraße – das Flaggschiff aller Filialen der Deutschen Bank bundesweit – eine fähige Kraft. Der Grund, warum sie mich anriefen, war, dass die Deutsche Bank nicht nur den Mut hatte, eine ganz neue Art der Bank, die Bank der Zukunft, zu präsentieren, sondern an deren Spitze eine Frau zu setzen.

Es war Glück, ich war zum richtigen Zeitpunkt an der richtigen Stelle. Das Projekt war topsecret, kein offizielles Gesprächsthema, selbst ich durfte mich nur zweimal auf der Baustelle umsehen. Als wir im September 2005 eröffneten, wusste ich noch nicht, was auf mich zukommt. Da half nur: ab ins kalte Wasser.

Das Q 110 ist eine ganz andere Form von Banking. In unserer Filiale gibt es für den Kunden keine Barrieren, keinen Counter (Bankschalter). Berater und Kunde begegnen sich auf Augenhöhe. In der Kid's Corner werden die Kleinen während der Beratung betreut, die Lounge bietet Latte macchiato, Cappuccino, ein Glas Prosecco oder leckere Kleinigkeiten, der Trendshop im Eingangsbereich exklusive Designerprodukte.

Wir gingen 2005 mit null Kunden an den Start, und keiner von uns wusste, ob wir mit diesem neuen Konzept Erfolg haben werden. Hunderte von Menschen hatten dieses tolle Projekt entwickelt und vorbereitet, für die tägliche Umsetzung gab es natürlich viele Ideen, aber kein Erfolgsrezept – genau das war der Reiz an der Sache. Etwas Neues aufbauen zu dürfen, mit allen Chancen und Risiken: Danach hatte ich mich seit der Wende gesehnt.

Der Aufbau der Deutsche-Bank-Filialen nach der Wende kam einem Pioniereinsatz gleich. Im Q 110 hatte es allerdings eine bisher nie da gewesene Dimension und Qualität erreicht. Mir konnte deshalb auch keiner sagen, wie ich es machen soll. Trotzdem wurde der Erfolg meiner Arbeit an unseren Zahlen und an unserem Außenauftritt gemessen.

Ich bin ein eher zurückhaltender Typ und überlege eine Minute, bevor ich anfange zu reden. Deshalb hielt ich mich in den ersten Monaten lieber etwas im Hintergrund und konnte so, wie immer in meiner Laufbahn, erst einmal alles in Ruhe studieren und beobachten. Der Erfolg war riesig, wir erreichten ein Super-wachstum, übertrafen alle Erwartungen.

Am Anfang bestand unsere Mannschaft fast komplett aus Frauen, vielleicht, weil sie den Service am Kunden lieben, herz-licher sind, sich gern um Kleinigkeiten kümmern, feine Anten-nen besitzen, Blickkontakt suchen und erkennen, was der Kun-de wünscht. Es bewerben sich zurzeit mehr Frauen als Männer bei uns.

Ich selbst habe über all die Jahre im Bankgeschäft meine weiblichen Attribute beibehalten – in meinem Wesen und in meiner Kleidung. Ich trage zum Beispiel gern schmale Röcke und hohe Schuhe. Meine Mitarbeiterinnen bestärke ich, ihre Weiblichkeit und Emotionalität im Gespräch mit den Kundin-nen und Kunden selbstbewusst zu nutzen, denn die spüren ganz genau, ob ein Lächeln echt ist oder nicht. Allerdings beobachte ich bei vielen anderen Frauen in höheren Positionen, dass sie sich der Männerwelt anpassen und lieber Hosenanzüge und eine Krawatte dazu tragen. Vielleicht, weil sie hoffen, damit schneller erfolgreich zu sein, weil sie so die Kommunikationsebene besser treffen.

Ich arbeite sehr gern mit Frauen zusammen, weil ich ih-re Fähigkeiten im Umgang mit Kunden sehr zu schätzen weiß. Doch dieses Engagement erwarte ich von ihnen von morgens bis abends, von Montag bis Samstag.

Viele Frauen wollen wie ihre Männer Karriere machen, mit Kindern geht das jedoch nur, wenn diese gut untergebracht und betreut sind und sich auch der Vater für sie verantwort-lich fühlt. Aus unzähligen Gesprächen mit meinen Mitarbei-terinnen weiß ich aber, wie schwierig es für einige immer noch ist, ihre Gleichstellung, was den Beruf und die Karriere betrifft, dem Partner gegenüber durchzusetzen. Das können sie schaffen, da bin ich als ihre Chefin eine sehr hartnäckige Karrierebegleiterin und Förderin.

Ich liebe meinen Job, habe ihn zu meinem Hobby gemacht. Erfolg und Anerkennung treiben mich an. Was bleibt, ist allerdings mein schlechtes Gewissen gegenüber meinem Lebensgefährten und Philipp. Die Befürchtung, vor allem für meinen Sohn, meine Familie zu wenig da gewesen zu sein, zu viel an meine Karriere gedacht zu haben, kann mir keiner nehmen. Mein Sohn findet zwar, er hätte eine coole, spannende Kindheit gehabt, aber für mich bleibt da immer so ein Rest an Schuldgefühl. Das ist der Preis, den ich für meine Karriere zahlen muss.

Fotonachweis

Sigrid Leffler
Foto: Michael Hughes

Evelin Brandt
Foto: Mit freundlicher Genehmigung von Evelin Brandt

Renate Künast
Foto: Deutscher Bundestag, Renate Blanke

Carol Thiele
Mit freundlicher Genehmigung von Carol Thiele

Dr. Margot Käßmann
Foto: Bernd Lammel

Barbara Wiedemann
Foto: Anja Frick

Jutta Kleinschmidt
Foto: Mit freundlicher Genehmigung von Jutta Kleinschmidt

Beate Scheufele
Foto: Agentur Scheufele, Kirsten Wagenbrenner

Dr. Ursula von der Leyen
Foto: Bundesministerium für Familie, Senioren, Frauen und Jugend

Dr. Simone Siebeke
Foto: © Olaf Döring/Henkel

Sarah Wiener
Foto: Mit freundlicher Genehmigung von Sarah Wiener

Ira Holl
Foto: Deutsche Bank